科学养高产母猪实操图解

席克奇 李 鹏 高志峰
姚晓琳 何晓楠 崔雨葳 编著

机械工业出版社

本书主要介绍了种猪场的建设与设备、高产母猪品种的选择与利用、高产母猪的繁殖与改良、高产母猪的饲料利用与开发、高产母猪的饲养管理、高产母猪常见病及防治等内容，最后还附上了妊娠母猪饲养标准、猪的日粮配方实例、猪常见病的鉴别诊断表。本书紧扣当前生产实际，通过深入浅出、通俗易懂的文字并配以大量生动直观的图片和图表，清楚描述高产母猪生产的关键技术，注重科学性、系统性、实用性和先进性。

本书适合养猪场饲养技术人员、管理人员和养殖户阅读，也可以作为大专院校、农村函授及相关培训班的辅助教材和参考书。

图书在版编目（CIP）数据

科学养高产母猪实操图解 / 席克奇等编著. -- 北京：机械工业出版社，2025.8. -- ISBN 978-7-111-78672-6

Ⅰ. S828.9-64

中国国家版本馆CIP数据核字第2025MD1249号

机械工业出版社（北京市百万庄大街22号　邮政编码100037）
策划编辑：周晓伟　高　伟　　　　责任编辑：周晓伟　高　伟　王华庆　刘　源
责任校对：甘慧彤　王小童　景　飞　　责任印制：单爱军
保定市中画美凯印刷有限公司印刷
2025年8月第1版第1次印刷
169mm×230mm・12印张・232千字
标准书号：ISBN 978-7-111-78672-6
定价：98.00元

电话服务　　　　　　　　　网络服务
客服电话：010-88361066　　机　工　官　网：www.cmpbook.com
　　　　　010-88379833　　机　工　官　博：weibo.com/cmp1952
　　　　　010-68326294　　金　书　网：www.golden-book.com
封底无防伪标均为盗版　　　机工教育服务网：www.cmpedu.com

Preface 前言

  随着养猪业的不断发展，良种猪的引进和饲养数量都在不断增加。母猪是一个猪场生产的核心，猪场经营的成败，取决于平均每头母猪年提供仔猪头数和年贡献商品猪头数，从而生产中对母猪饲养技术提出了更高的要求。

  为了适应我国养猪业的发展，满足目前养猪生产的实际需要，培育、养好高产母猪，使养猪生产向高产出、低消耗、高效益方向迈进，能够经得起市场经济的考验，编著者总结目前国内外养猪新技术，借鉴各地养猪的成功经验，并结合自己多年的工作体会，编写了本书，期望能给养猪生产者带来帮助。

  在本书编写过程中，力求图文并茂，语言通俗易懂，简明扼要，内容系统，注重实际操作。在书中重点介绍了种猪场的建设与设备、高产母猪品种的选择与利用、高产母猪的繁殖与改良、高产母猪的饲料利用与开发、高产母猪的饲养管理、高产母猪常见病及防治等内容，可供猪饲养者及畜牧兽医工作人员参考。

  需要特别说明的是，本书所用药物及其使用剂量仅供读者参考，不可照搬。在生产实际中，所用药物学名、常用名和实际商品名称有差异，药物浓度也有所不同，建议读者在使用每一种药物之前，参阅厂家提供的产品说明以确认药物用量、用药方法、用药时间及禁忌等。购买兽药时，执业兽医有责任根据经验和对患病动物的了解决定用药量及选择最佳治疗方案。

  本书在编著过程中，曾参考一些专家、学者撰写的文献资料，因篇幅所限未能一一列出，谨在此表示感谢。

  由于编著者的理论和技术水平有限，书中可能会出现一些疏漏和不妥之处，敬请广大读者批评指正。

编著者

Contents 目录

前言

第一章
种猪场的建设与设备 / 001

第一节　种猪场的场址选择与布局 / 001
　　一、种猪场的场址选择 / 001
　　二、种猪场内的布局 / 002

第二节　猪舍设计 / 004
　　一、猪舍的类型 / 004
　　二、猪舍设计的基本要求 / 006
　　三、猪舍建筑的基本要求 / 007

第三节　母猪舍内部的设备 / 009
　　一、猪栏 / 009
　　二、猪舍内地面 / 011
　　三、喂料设备 / 012
　　四、饮水设备 / 013
　　五、保温、通风与防暑设备 / 014
　　六、清粪设备 / 015
　　七、其他设备 / 016

第四节　猪场废弃物的无害化处理 / 016
　　一、猪场废弃物的种类 / 016
　　二、粪便的无害化处理 / 017
　　三、污水的无害化处理 / 017
　　四、病死猪的无害化处理 / 018
　　五、垫料的无害化处理 / 018

第二章
高产母猪品种的选择与利用 / 020

第一节　猪的生物学特性和经济类型 / 020
　　一、猪的生物学特性 / 020
　　二、猪的经济类型 / 022

第二节　猪的主要品种 / 023
　　一、主要的地方品种 / 023
　　二、主要的培育品种 / 027
　　三、主要的引进品种 / 031

第三节　猪的经济杂交 / 034
　　一、杂种优势及其度量方法 / 034
　　二、杂交亲本的选择 / 035
　　三、杂交方式 / 036

第三章
高产母猪的繁殖与改良 / 039

第一节　猪的体形外貌与生产性能 / 039
　　一、猪的体表划分 / 039

二、高产母猪的理想体形 / 040
三、猪的经济性状及测量 / 041

第二节 高产母猪的繁殖技术 / 043
一、母猪生殖器官解剖生理 / 043
二、母猪的发情与配种 / 044
三、母猪的人工输精技术 / 048
四、母猪配种后的妊娠检查 / 051
五、母猪预产期的推算 / 052

第三节 种猪的改良与提高 / 053
一、种猪的选种 / 053
二、种猪的选配 / 056
三、种猪的繁育体系 / 059
四、杂种猪的利用措施 / 060

第四章
高产母猪的饲料利用与开发 / 062

第一节 猪的消化特点与饲料的营养功能 / 062
一、猪的消化生理特点 / 062
二、猪饲料中的营养成分及功能 / 062

第二节 高产母猪的常用饲料及特点 / 073
一、能量饲料 / 073
二、蛋白质饲料 / 075
三、青饲料 / 079
四、粗饲料 / 080
五、矿物质饲料 / 080
六、饲料添加剂 / 081

第三节 高产母猪饲料的加工调制 / 084
一、能量饲料的加工调制 / 084
二、蛋白质饲料的加工调制 / 085
三、青饲料的加工调制 / 086
四、青贮饲料的加工调制 / 088

五、粗饲料的加工调制 / 089

第四节 高产母猪的饲养标准与饲料配合 / 089
一、高产母猪的饲养标准 / 089
二、高产母猪的饲料配合 / 090
三、饲料资源的开发 / 097

第五章
高产母猪的饲养管理 / 100

第一节 仔猪的培育 / 100
一、仔猪的生理特点 / 100
二、仔猪的护理与补饲 / 101
三、仔猪的断奶 / 106
四、仔猪的免疫与驱虫 / 108

第二节 育成母猪的饲养管理 / 109
一、育成母猪的选择 / 109
二、育成母猪的饲养管理特点 / 109
三、育成母猪的饲养管理要点 / 109

第三节 后备母猪的饲养管理 / 110
一、后备母猪的选择 / 110
二、后备母猪的培育 / 110
三、后备母猪的适时配种 / 112

第四节 妊娠母猪的饲养管理 / 112
一、母猪妊娠期的胚胎发育 / 112
二、母猪妊娠期营养水平的控制 / 112
三、妊娠母猪的管理要点 / 115

第五节 哺乳母猪的饲养管理 / 116
一、接产前的准备 / 116
二、接产 / 117
三、母猪的产后护理 / 118
四、母猪泌乳期的饲养 / 118
五、母猪泌乳期的管理 / 120

第六节　空怀母猪的饲养管理 / 120
　　一、空怀母猪的饲养 / 120
　　二、空怀母猪的管理 / 120

第六章
高产母猪常见病及防治 / 121

第一节　高产母猪传染病的预防与免疫接种 / 121
　　一、预防猪传染病的基本措施 / 121
　　二、高产母猪的免疫接种 / 122

第二节　高产母猪常见传染病及防治 / 126
　　一、猪瘟 / 126
　　二、非洲猪瘟 / 128
　　三、猪口蹄疫 / 130
　　四、猪水疱病 / 132
　　五、猪繁殖与呼吸综合征 / 133
　　六、猪细小病毒感染 / 135
　　七、猪传染性胃肠炎 / 136
　　八、猪丹毒 / 137
　　九、猪巴氏杆菌病 / 139
　　十、仔猪副伤寒 / 141
　　十一、仔猪白痢 / 143
　　十二、仔猪红痢 / 144
　　十三、猪传染性萎缩性鼻炎 / 145
　　十四、猪气喘病 / 147
　　十五、猪附红细胞体病 / 148

第三节　高产母猪常见寄生虫病及防治 / 149
　　一、猪囊虫病 / 149
　　二、猪蛔虫病 / 150
　　三、猪旋毛虫病 / 152
　　四、猪肺线虫病 / 153
　　五、猪疥螨病 / 154
　　六、猪虱病 / 155

第四节　高产母猪常见普通病及防治 / 156
　　一、猪亚硝酸盐中毒 / 156
　　二、猪菜籽饼（粕）中毒 / 157
　　三、猪马铃薯中毒 / 158
　　四、猪酒糟中毒 / 158
　　五、猪霉败饲料中毒 / 159
　　六、猪食盐中毒 / 160
　　七、猪磺胺类药物中毒 / 160
　　八、猪的佝偻病与软骨病 / 161
　　九、猪白肌病 / 162
　　十、仔猪贫血症 / 162
　　十一、猪皮肤角化不全症 / 163
　　十二、猪维生素 A 缺乏症 / 164
　　十三、猪 B 族维生素缺乏症 / 164
　　十四、成年母猪不孕症 / 165
　　十五、母猪子宫炎 / 166
　　十六、母猪乳腺炎 / 166
　　十七、妊娠母猪流产 / 167
　　十八、母猪阴道脱出 / 167
　　十九、母猪子宫套叠及子宫脱出 / 168
　　二十、母猪产后胎衣不下 / 169
　　二十一、母猪产后瘫痪 / 170
　　二十二、母猪缺乳症 / 171
　　二十三、母猪产后便秘 / 172
　　二十四、猪的食滞 / 173
　　二十五、猪肺炎 / 173
　　二十六、猪中暑 / 174
　　二十七、猪脱肛 / 175

附　录 / 176

附录 A　妊娠母猪饲养标准 / 176
附录 B　猪的日粮配方实例 / 178
附录 C　猪常见病的鉴别诊断 / 181

参考文献 / 186

第一章 种猪场的建设与设备

第一节 种猪场的场址选择与布局

一、种猪场的场址选择

新建猪场,特别是种猪场,选择场址是一项很重要的工作。在选择时应注意以下几项必要的条件。

(1) 交通方便 一个种猪场每天要进出的物资(饲料、粪便、产品)数量很大,如果交通不便,会增加运输费用,提高饲养成本。因此,选定的场址必须交通方便,最好比较僻静,远离交通干线(铁路、公路)、牲畜交易市场和屠宰场等,以防疫病传入(图1-1)。

(2) 地势高,干燥平坦,排水良好 种猪场要朝南或朝东南稍有斜坡,这样既便于排水,又能得到充足的阳光,冬季有利于防风。一般以沙质土壤为宜,低洼潮湿的地方不宜建猪场(图1-2)。

图1-1 种猪场应交通方便

图1-2 种猪场应地势高,干燥平坦,排水良好

(3) 水质良好 种猪场的水源要充足,水质要清洁,取水要方便(图1-3)。饮水常常是疫病的传播媒介,最好是用地下水或自来水。

(4) 有充足的电力资源 随着机械化、电气化的发展,种猪场到处都需要电力供应,所以建场后能源、电力要便利,不能对生产造成不良影响。在电力不足的地区,应自备小型发电机(图1-4、图1-5)。

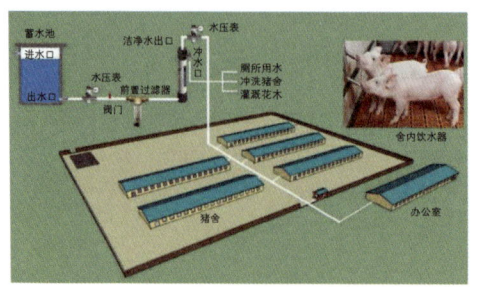
图1-3 种猪场的理想供水系统

图1-4 种猪场应电力供应充足

（5）远离居民区　种猪场与居民区要有一定距离，至少500米，且位于居民区的下风向处（图1-6）。

图1-5 小型发电机

图1-6 种猪场应远离居民区

（6）占地面积　种猪场的占地面积依据猪场生产的任务、性质、规模和场地的总体情况而定。生产区面积可根据饲养繁殖母猪、种公猪、保育猪的数量计算。管理区、生活区、隔离区应另行考虑，并留有发展余地。

二、种猪场内的布局

种猪场布局是否合理，直接关系到正常生产的组织。合理布局可以提高劳动效率和降低生产成本，增加经济效益。场内各种建筑物的安排，要做到土地利用经济，布局整齐，建筑物排列紧凑，尽量缩短供应距离。种猪场在总体布局上应尽量使猪舍坐北朝南，各建筑物排列成行，把整个猪场划为生产区、管理区、生活区和隔离区四部分（图1-7~图1-9）。

（1）生产区　生产区包括猪舍、饲料加工厂、饲料调制间、饲料仓库、人工授精室和交配场、消毒池等。猪舍是猪场的主要部分，应设在猪场中心较干燥的地方，位于管理区、生活区的下风向处和隔离舍的上风向处。就猪舍布局来说，仔猪舍应设在距离猪场入口较近的地方，种猪舍应设在距离猪场入口较远的地方。公猪舍应与母猪舍间隔10米以上，且位于母猪舍的上风向处。每栋猪舍前后间距10~20米、左右间距

10~15米，运动场可设在猪舍的一侧或两侧。

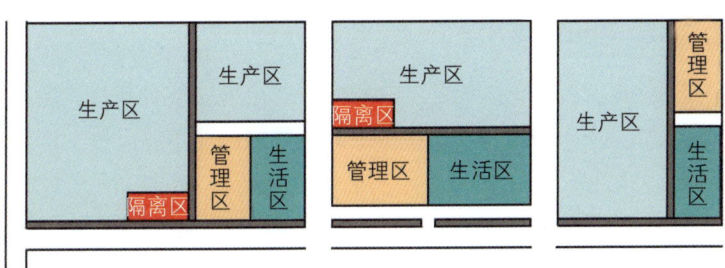

图 1-7　综合性猪场平面布局示意图

图 1-8　种猪场规划示意图

大型猪场在生产区的入口处应有卫生通过室和消毒池（图1-10），进入生产区的人员应先洗手、消毒、更衣和换胶鞋。外来车辆要通过消毒池消毒后才准进入场内（图1-11）。

图 1-9　某种猪场远景图　　图 1-10　人员进猪场的走廊消毒池　　图 1-11　车辆消毒

（2）管理区　管理区包括办公室、会议室、接待室和车库等。从防疫的角度出发，管理区应与生产区隔离，自成一院，设在生产区的上风向处。

（3）生活区　生活区包括职工宿舍、食堂、文化娱乐室等，应位于生产区的上风向处。

（4）隔离区　隔离区包括兽医室、病死猪解剖室和尸体坑等，应设在生产区的下风向处，并远离生产区至少 100 米。

种猪场应设置南北主干道，东西两侧设置车道。另外，场内应设净道和污道，并相互分开，互不交叉。水塔的位置应尽量安排在种猪场地势最高处。为了防疫和隔离噪声，种猪场四周应设置隔离林，并在冬季的主风向处设置防风林，猪舍之间的道路两旁应植树种草，绿化环境。

第二节　猪舍设计

一、猪舍的类型

猪舍的类型繁多，分类的方法不尽相同。按猪舍屋顶形式，可为单坡式、双坡式、平顶式、拱式和联合式（图 1-12）等；按猪栏排列，可分为单列式、双列式和多列式；按猪舍墙和窗的设置，可分为开放式（图 1-13）、半开放式（图 1-14）、有窗式（图 1-15）和无窗式（图 1-16）；按饲养猪的种类，可分为公猪舍、母猪舍、仔猪舍、育肥猪舍等；按机械化程度，可分为半机械化猪舍、机械化猪舍和工厂化猪舍。常见的可用于母猪舍的类型如下：

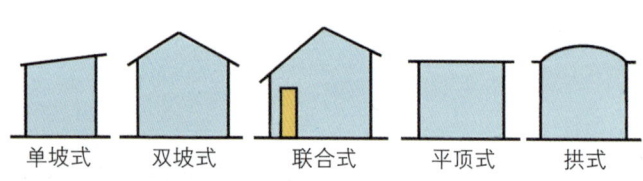

图 1-12　猪舍屋顶形式

图 1-13　开放式猪舍

图 1-14　半开放式猪舍　　　图 1-15　有窗式猪舍

（1）单列式猪舍　单列式猪舍即在猪舍内有一列猪栏，根据形式又可分为室内带走廊的单列式猪舍（图 1-17）和暖棚式单列猪舍（图 1-18）。单列式猪舍投资少，结构简单，维修方便，且通风透光，一般适用于养猪大户和小型猪场。

图 1-16 无窗式猪舍

图 1-17 单列式猪舍（室内带走廊）　　图 1-18 单列式猪舍（暖棚式）

单列式猪舍根据其屋顶的形式又可分为单坡式、双坡式、平顶式、拱式等。单坡式猪舍屋顶前檐高，后檐低，屋顶向后排水，这种结构通风透光，但保温性差；双坡式猪舍屋顶中间高，前后檐高度相当，两面排水，其通风透光及保温性能均较好，但造价比单坡式猪舍高；平顶式猪舍的屋顶一般用钢筋混凝土制成，因此其造价较高，其隔热性能和排水性能均比较差，不适合南方高温多雨地区，但这种猪舍的结构牢固，可抵御风沙的侵袭，因此在北方较为适用。

单列式猪舍根据墙的设置又可分为开放式和半开放式两种。开放式猪舍三面有墙，一面无墙；半开放式猪舍三面设墙，一面为半截墙。

（2）双列式猪舍（图1-19）　双列式猪舍舍内有南北两列猪栏，中间有一条通道或南北中有三条走道。这种猪舍结构紧凑，容量大，能充分利用猪舍的面积，且便于管理，其劳动效率比单列式猪舍高，因此较适合规模较大、现代化水平较高的猪场使用。但这种猪舍跨度较大，结构较为复杂，造价较高，尤其是北面的猪栏采光较差，冬季寒冷，不利于猪群的生长繁殖。

（3）多列式猪舍（图1-20、图1-21）　即舍内有三列或三列以上的猪栏，这种猪舍容纳的猪数量较多，猪舍面积的利用率高，有利于充分发挥机械的效率，因此多为大型机械化养猪场采用。但是，多列式猪舍南北跨度较大，采光通风性差，不适合南方高温地区采用。

图 1-19　双列式猪舍

图 1-20　传统式多列式猪舍

图 1-21　现代化多列式猪舍

（4）塑料暖棚猪舍（图 1-22、图 1-23）　在我国北方寒冷地区，如果采用开放式或半开放式猪舍，冬季的防寒保温性能会很差。近年来，北方地区的不少猪场在冬季采用塑料薄膜覆盖猪舍的运动场或塑料暖棚猪舍，有效地提高了猪舍的防寒保温性能，取得了明显的经济效益。

图 1-22　塑料暖棚猪舍（单列式）

图 1-23　塑料暖棚猪舍（双列式）

二、猪舍设计的基本要求

（1）冬暖夏凉　猪舍温度高低对猪群保健和生长发育影响很大。温度过高，猪的体热不易散发，食欲降低，代谢机能减退，饲料转化率下降，对疾病的抵抗力降低；温度过低，增加猪体热能的消耗，因而猪的生长发育减缓，甚至停止生长或者感染一些疾病。解决的方法：首先，正确选择猪舍的朝向，较理想的猪舍是坐北朝南或坐西北朝东南。这样，炎热的夏季多东南风向，风可吹入猪舍，保持舍内凉爽，冬、春季向阳，阳光直射猪舍内，光照时间长，可以自然取暖。其次，还要考虑猪舍门窗设计，适当降低猪舍的举架，以不影响操作为宜。一般双坡单列封闭式猪舍前檐高 1.8 米，后檐高 1.6 米。另外，还要正确选用建筑材料（如空心大块砖），为猪舍冬暖夏凉创造条件。

（2）通风透光，保持干燥　通风对猪的体温散失有重要作用。通风可加快猪体表热量的散发，并清除空气中的有害气体，改善空气的化学成分和猪舍卫生，对保持猪舍地面干燥有很大作用。充足的光照可使猪舍保持干燥和冬季保温。在设计时应因地制宜,参照采光系数和通风率进行设计。

(3)便于日常操作　猪舍的过道、猪栏门、饲槽、水槽设计要合理,这样才能便于操作。猪舍的过道宽度为1.2~1.5米;饲槽最好设在猪栏外,让猪把头伸到猪栏外面取食,也可设为猪栏内2/3、猪栏外1/3。这样,可以防止在添料时被猪撞撒,减少饲料的损失。每个圈都要设门,门宽50~55厘米,门要和猪栏同高,而且要坚固。

(4)要有严格的消毒设施　猪舍的门口一定要设消毒池和消毒装置,把传染病降到最低限度。

三、猪舍建筑的基本要求

(1)地基　猪舍一般不是高层建筑,对地基的压力不会很大。因此,除了淤泥、沙土等非常松软的土质以外,一般中等以上密度的土层均可以作为猪舍的地基(图1-24)。

(2)基础　基础是猪舍的地下部分,也是整个猪舍的承重部分,常用碎砖、鹅卵石或混凝土(图1-25)等砌成。基础深入地下的程度由建筑物的大小、地基的种类、地下水位的高低及冻土层的深度决定。

图1-24　高密度土层地基

图1-25　混凝土基础

(3)墙壁　猪舍的墙壁要求坚固耐用,同时又要求具有良好的隔热保温性能,保护舍内的小环境不受外界天气急剧变化的影响。在我国多用草泥、土坯、砖以及石料等材料建筑猪舍。草泥或土坯墙的造价低且具有良好的隔热性能,冬暖夏凉,但是很容易被暴雨或大水冲坏,因此需要经常维修,一般只适用于气候干燥地区。石料墙坚固耐用,但保温性能差。砖墙也比较坚固,而且保温防潮,是较理想的猪舍墙体(图1-26)。

(4)屋顶　猪舍的屋顶要求结构简单、坚固耐用、排水便利,且具有良好的保温性能。在我国多采用草料(如稻草)、泥灰、平瓦、预制板、石棉瓦、彩钢板等材料修建屋顶(图1-27~图1-30)。草料屋顶造价低,具有良好的保温性能,但不耐久,且防火性能差。平瓦、预制板、石棉瓦等修造的屋顶坚固耐用，但造价较高，且保温性能不如草料屋顶。

图1-26 砖墙　　　　　图1-27 草料屋顶猪舍　　　图1-28 泥灰屋顶猪舍

（5）地面　猪舍的地面要求坚实平整、无隙，保温性能好，具有一定的弹性，不透水，且具有适当的坡度（一般为2%~3%），易于清扫和消毒。目前我国一些猪场修建猪舍多用水泥地面（图1-31）。

图1-29 平瓦屋顶猪舍　　图1-30 彩钢板屋顶猪舍　　图1-31 水泥地面（保温）和砖地面

（6）门、窗（图1-32）　猪舍门首先应保证猪群自由出入，以及运料和出粪等日常生产顺利进行。因此，猪舍的门一般设在猪舍的两端，宽度与通道相等，高2米左右，不设门槛。猪舍过长时中部也可设门，便于饲养管理。

猪舍窗的位置和大小直接影响舍内温度、光照度和湿度。窗户面积越大，采光越多，通气越好，但散热也多，冬季保温性能差。窗分直立式（高大于宽）与横卧式（宽大于高）两种。在面积相同的情况下，直立式比横卧式光照度大15%~20%，但直立式没有横卧式保温好。

图1-32 猪舍门、窗

一般来说，猪舍南边窗户的宽度为1.2~1.5米，高度为0.7~0.8米，窗台距地面1.1~1.3米；北面的窗应小一些，离地面高一些。

（7）舍内隔墙（隔栏）　猪栏周围的隔墙要求坚固耐用，一般用单砖砌成，外抹水泥（图1-33）；也有用钢筋、钢管围成隔栏的。前者取材方便，造价低；后者通风、透光良好，但造价较高。隔栏一般是固定的，但也可在猪栏间做成活动的，这样便于调节猪栏面积，同时也便于机械化清粪。

（8）粪尿沟　粪尿沟要求平滑，有1%~1.5%的坡度。其断面呈椭圆形，宽15厘米，深10厘米（图1-34）。单列式猪舍的粪尿沟设在运动场的墙外边，双列式猪舍的设在中央两侧。粪池设于猪舍一端或猪舍外粪场处。粪池应不漏水，边缘高于地面，便于防雨保持肥效。粪池大小视饲养规模而定。

（9）通道　通道的宽度应根据猪栏排列形式和饲喂操作方式确定。一般单列式猪舍的通道多设在靠北墙的一侧，宽度为1.2~1.5米。双列式猪舍的通道多设在猪舍中间，宽度为1.5米（图1-35）。

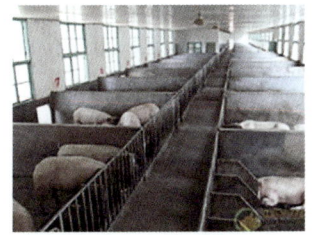
图1-33　舍内水泥隔栏

图1-34　猪舍内的粪尿沟

图1-35　两列式猪舍中间的通道

第三节　母猪舍内部的设备

一、猪栏

猪栏的类型比较多，按猪栏构造可分为实体猪栏、栏栅式猪栏、综合式猪栏等。在种猪场，按饲养猪的种类可分为断奶仔猪保育栏、育成猪栏、后备母猪栏、空怀及妊娠母猪栏、母猪分娩栏等。

实体猪栏（图1-36）为钢筋混凝土预制板或砌砖制成，优点是造价低，防风，安静，减少疾病传播；缺点是视线受阻，通风不良。

栏栅式猪栏（图1-37）常用钢管、角钢、圆钢、钢筋等焊接成栅状，经装配固定而成，优点是通风，视线好，便于防疫消毒；但需要的钢材多，造价高。

综合式猪栏有两种形式。一种是两个猪栏相邻的隔栏，采用实体砖砌成短墙结构，通道正面为栏栅结构（图1-38）。另一种是猪栏下部为砖砌实体结构（约占1/2），上部为栏栅结构，改进了实体猪栏视线差和通风不良的缺点。

（1）断奶仔猪保育栏（图1-39）　仔猪断奶后转入保育栏。断奶仔猪保育栏通常由漏缝地板、围栏、自动饲槽和连接卡等组成。猪栏由支撑架设在粪沟上面，多为双列式或多列式。地板有全漏缝和半漏缝两种，多用直径为 5 毫米的冷拔钢筋编织而成，或用钢筋直接焊接，或用异形钢材焊接，或全塑料漏缝地板。

图 1-36　实体猪栏　　　　　图 1-37　栏栅式猪栏　　　　　图 1-38　综合式猪栏

（2）育成猪栏（图 1-40）　育成猪栏的形式较多，其隔栏结构有砖砌隔栏、金属隔栏及综合式隔栏等三种形式，地面结构有三合土、砖或水泥地面以及水泥或金属漏缝地板等几种形式，每头猪所占面积为 0.9~1.0 米^2，栏高 0.9~1.0 米，多为中间带走道的双列式猪栏。三合土地面导热性小，柔软舒适，但易被粪尿等污染，砖砌地面也存在同样的缺点。水泥地面则太硬，且导热性大，不利于猪的健康。漏缝地板的优点是易于清洗和消毒，水泥漏缝地板造价低廉，但损坏后不易维修；金属漏缝地板虽然造价较高，但使用寿命长，维修方便。漏缝地板直接架设在粪沟上，这种结构给管理带来很大的方便，缺点是猪舍的湿度大，有害气体含量高。

（3）后备母猪栏（图 1-41）　由于采取的饲养方式不同，猪栏面积有所不同。如采用群养，每栏饲养母猪 4~5 头，猪栏面积为 7~9 米^2，每头后备母猪占 1.5~2.3 米^2。猪栏结构有实体、栏栅式和综合式 3 种，多为单过道双列式，栏高 1 米，地面坡度不要大于 1/45（约 2.2%），且地面不能过于光滑。

图 1-39　断奶仔猪保育栏　　　图 1-40　育成猪栏　　　　　图 1-41　后备母猪栏

（4）空怀及妊娠母猪栏　在基础母猪整个饲养期，其饲养方式有以下 3 种：

1）在整个空怀期、妊娠期，尤其是对妊娠母猪多采用单栏限位饲养（限位栏，图 1-42），即一个母猪栏饲养一头母猪。猪栏一般采用金属结构，典型尺寸为 2.1 米 × 0.6 米 × 1.0 米（长 × 宽 × 高）。优点是猪栏面积小，便于观察母猪发情和合理饲养，环境相对安静（猪与猪之间干扰少），减少机械性流产。但缺点是母猪活动受限制，运动量较少，对分娩有一定影响。

2）整个空怀期、妊娠期采用群栏饲养（群养栏，图1-43），一般每栏3~5头。其优点是增加了母猪活动量，但缺点是容易因母猪间相互争斗或碰撞而导致流产。

3）在空怀期和妊娠前期采用群栏饲养，妊娠后期则采用单栏限位饲养。

（5）母猪分娩栏（图1-44）　母猪分娩栏一般采用单饲猪栏，中间部分为分娩母猪限位区，两侧为哺乳仔猪活动区。母猪限位区前端有饲槽和水槽（或自动饮水器），后端有防母猪后退的装置（杆件或片件），以保持两侧仔猪安全往来。母猪限位区两侧有防压装置（杆状或片状）。在仔猪活动区设有补料槽和自动饮水器，必要时设保温箱，采用加热地板、红外线、热风器等，提高局部环境温度。分娩栏长度为2.2~2.3米，宽度为1.3~2.0米（母猪限位区宽度为0.55~0.65米）。

图1-42　妊娠母猪限位栏

图1-43　空怀、妊娠母猪群养栏

图1-44　母猪分娩栏

二、猪舍内地面

一般农户和养猪大户及小规模猪场，多用水泥地面或立砖地面，也有少数用片石或三合土地面的。现代化猪场则配套水泥地面和漏缝地板。无论采用何种地面，均需干燥、卫生、便于消毒。

（1）水泥、立砖地面　水泥地面（图1-45）首要的是把基础处理好。立砖地面（图1-46）要挑选平面整齐、抗压性强的砖，立直挤严。对比这两种地面，立砖地面有较好的弹性和保温性，但不易彻底消毒。

（2）漏缝地板　漏缝地板种类较多，有块状、条状和网格状等。使用的材料有水泥、金属、塑料和陶瓷等。

1）水泥漏缝地板（图1-47）。地板的规格很多，要根据猪栏的规格来定。地板制作时，最好用金属模具。水泥、沙石原料的配制要合理，并要用振动器捣实，表面要平整光滑，内无蜂窝状疏松空隙，避免粪尿积存。漏缝地板内要有钢筋"龙骨"，确保地板有足够的承受强度。地板漏缝宽度为2厘米，缝与缝之间的间距为5厘米。

2）金属漏缝地板。根据加工工艺的不同分为钢筋焊接网板（图1-48）、钢筋编织

图 1-45 水泥地面　　图 1-46 立砖地面　　图 1-47 水泥漏缝地板

网板和铸铁块状地板等。钢筋焊接网板和编织网板,钢筋直径以 4~5 毫米为宜,也可用 6.5 毫米的,表面镀锌或塑料更好,缝宽为 1.8 厘米。焊接与编织网板适用于分娩母猪和断奶仔猪,铸铁地板则适用于育成、育肥猪栏。金属漏缝地板的漏缝较大,粪尿易下漏,缝隙不易堵塞,并有一定的防滑性。

3)塑料漏缝地板。塑料漏缝地板是以工程塑料模压而成的,条宽 2.5 厘米,缝宽 2 厘米(图 1-49)。它可由小块拼装组合,使用方便。该地板因保温性能好、导热系数低而广泛应用于哺乳仔猪休息区和断奶仔猪保育栏。

图 1-48 金属(钢筋)漏缝地板　　图 1-49 塑料漏缝地板

三、喂料设备

选用喂料设备时,应考虑猪场的规模、资金、劳动力、饲料资源和饲料形态等情况。理想的方式是将饲料厂加工好的饲料,用运输车送入贮料塔,再通过螺旋或其他输送机,将饲料直接送进饲槽或自动饲槽。

(1)自动饲喂系统(图 1-50)　主要由贮料塔、饲料输送机、输送管道、自动给料设备、计量设备和饲槽等组成。

(2)加料车　加料车在我国各类猪场普遍使用,工厂化养猪的加料车仅作为辅助送料设备,主要用于定量饲养的配种栏、妊娠栏和分娩栏的猪,将饲料从饲料塔运至饲槽。加料车有电动加料车(图 1-51)和手推人工加料车(图 1-52)。

(3)饲槽　饲槽的种类较多,大体上可分为普通饲槽和自动饲槽两类。普通饲槽根据其使用材料又可分为水泥饲槽和金属饲槽,水泥饲槽坚固耐用,价格低廉,既适合喂干料也适合喂湿拌料。

图 1-50　自动饲喂系统　　　　　　　　　　　　　　图 1-51　电动加料车

自动饲槽也称自动采食箱,一般由饲料箱和饲槽两部分组成,饲槽中的饲料被吃掉后,饲料箱中的饲料会自动添加到饲槽内,猪可以在任何时候自由采食,因此这种饲喂方式可大大地节省劳动力,适用于机械化养猪场(图 1-53~ 图 1-57)。

图 1-52　手推人工加料车　　图 1-53　白钢圆形自动饲槽　　图 1-54　白钢长方形自动饲槽

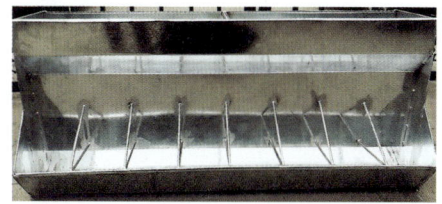

图 1-55　水泥制长方形自动饲槽　　图 1-56　白钢半圆形饲槽(圈内)　　图 1-57　长饲槽

四、饮水设备

猪场的饮水设备有水槽和自动饮水器等。水槽是我国传统的养猪设备,有水泥水槽和石槽等,这种设备投资小,较适合个体、小型猪场,其缺点是必须定时加水,工作量较大,且浪费的水多,卫生条件也较差;自动饮水设备一般包括供水管道、过滤器、减压阀及自动饮水器等几部分。自动饮水器可以日夜供水,减少了劳动量,且清洁卫生，一般规模化猪场多采用这种设备。自动饮水器分为鸭嘴式、乳头式、碗式等。

（1）鸭嘴式自动饮水器（图1-58） 每个鸭嘴式自动饮水器可供5~10头猪饮水，一般安装在饮水区自来水管上。鸭嘴式饮水器构造简单，由鸭嘴体、阀杆、胶垫、固定弹簧等零件组成。猪饮水时，将鸭嘴体衔于口内，挤压阀杆，克服弹簧压力，使阀杆胶垫与水孔偏离，于是水经饮水器管体流入猪口中；当猪嘴离开阀杆时，阀杆在弹簧作用下，自动回位，饮水器停止供水。

（2）乳头式自动饮水器（图1-59） 每个乳头式自动饮水器可供10~15头猪饮水。它由阀杆、钢球、饮水器体等部件组成。猪饮水时，向上拱动阀杆，抬起钢球时由阀杆形成的两个密封圈被移动，于是水通过错开的间隙流出。猪离开时，钢球和阀杆自动回位，停止供水。

图1-58 鸭嘴式自动饮水器

图1-59 乳头式自动饮水器

（3）碗式自动饮水器（图1-60） 每个碗式自动饮水器可供10~15头猪饮水。它由饮水碗、阀门机构、压板等组成。当猪需要饮水时，将嘴伸入饮水碗内，并将压板压下，压板在克服阀门弹簧的压力后，将阀门推入，水即通过阀门口流入饮水杯内。猪饮完水后，将头抬起，在阀门弹簧的作用下阀门杆和压板回到原来的位置，阀门口被阀门重新封住，水就停止流出。

图1-60 碗式自动饮水器

五、保温、通风与防暑设备

冬、夏季节应根据各类猪的不同情况，做好防寒保暖和防暑降温工作，以利于养猪生产，提高经济效益。

（1）保温设备 目前我国养猪生产中母猪舍、分娩舍和保育猪舍多采用热风炉或煤炭炉保温。热风炉每栋猪舍一般装有2个即可，煤炭炉需要6个才能达到猪所需的温度。但也有使用暖气设备来保温的，这种方式保温成本高，采用时应慎重。因仔猪要求的温度比较高（30~35℃），应特制保温箱、红外线灯、电热板等单独保暖（图1-61~图1-63）。

图1-61　保温箱

图1-62　红外线灯

图1-63　电热板

（2）通风设备　过去猪舍主要利用门、窗、排风扇进行通风。现代化猪场则采用联合通风系统，全自动控制，夏季采用湿帘加风机的纵向通风措施，降低高温对猪的影响；冬季采用横向通风措施，在保证猪舍温度的同时保证了最低通风量（图1-64）。

（3）防暑设备　在炎热的夏季，除开窗降温外，还可安装电风扇（吊扇）、排风扇等进行降温。另外，还可以采用喷雾降温、风扇水帘降温（图1-65）等。

图1-64　联合通风系统

图1-65　风扇水帘降温

六、清粪设备

猪场清粪有人工清粪、水冲清粪和机械清粪等几种方式。

（1）人工清粪　养猪大户及规模较小的猪场一般多采用人工清粪，即主要靠饲养人员打扫猪舍内粪便，用车拉到粪场堆积起来进行发酵处理，处理后的粪肥可作为农家肥料等。

（2）水冲清粪　水冲清粪多用于饲养规模较大的封闭式、双列式猪舍，粪尿沟设在猪舍中央通道下面，舍内各猪栏都有暗沟相通，每天用水将猪栏内粪尿冲入粪尿沟，粪尿沟由一端向另一端倾斜。粪尿通过总坑道流入舍外的大粪坑中，定期从大粪坑清出粪尿。

（3）机械清粪　大型规模化猪场多采用机械清粪。常用的清粪机有链式刮板清粪机和往复式刮板清粪机两种。

1）链式刮板清粪机（图1-66）。由链刮板、驱动装置、导向轮和张紧装置等组成。驱动装置带动链子在粪沟内做单向运动，装在链节上的刮板便将粪便带到舍端的小集粪坑内，然后由倾斜升运器将粪便提升并装入运粪拖车运至集粪场。

链式刮板清粪机的主要缺陷是由于倾斜升运器通常在舍外，在北方冬季易冻结。因此，在北方地区冬季不可使用倾斜升运器，而应人工将粪便装车运至集粪场。

2）往复式刮板清粪机（图1-67）。由带刮板的滑架（两侧面和底面都装有滚轮的小滑车）、传动装置、张紧机构和钢丝绳等构成。清粪机滑架的刮板间距为10~20米，滑架的往复行程应大于刮板间距。

图1-66 链式刮板清粪机

图1-67 往复式刮板清粪机

七、其他设备

猪场还应有一些配套设备，如背膘测定仪、妊娠探测仪、活动电子秤、模型猪、耳号钳、电子识别耳牌、断尾钳、仔猪转运车，以及用于猪舍消毒的火焰消毒器、兽医工具和尸体处理设备等。

第四节 猪场废弃物的无害化处理

一、猪场废弃物的种类

猪场废弃物主要包括：①猪粪便和猪场生产的污水；②生产过程及产品加工中产生的废弃物，如死胎、毛及内脏等残屑；③病死猪的尸体；④废弃的垫料；⑤猪舍及生产过程中产生的有害气体、灰尘及微生物；⑥饲料加工厂排出的粉尘等。猪场废弃物经无害化处理后，可以作为农业用肥，但不得作为其他动物的饲料。

二、粪便的无害化处理

较常用的处理方法有干燥法和发酵法等。

（1）干燥法

1）直接干燥法。猪场常采用高温快速干燥，又称火力快速干燥，即用高温烘干迅速除去湿粪便中水分的处理方法。在干燥的同时，达到杀虫、灭菌、除臭的作用。

2）发酵干燥法。利用微生物在有氧条件下生长和繁殖，对粪便中的有机和无机物质进行降解和转化（发酵），产生热能，使粪便容易被动植物吸收和利用。由于发酵过程中产生大量热能，使粪便升温到60~70℃，再加上太阳能的作用，可使粪便中的水分迅速蒸发，并杀死虫卵、病菌，除去臭味，达到既发酵又干燥的目的。

3）组合干燥法。即将发酵干燥法与高温快速干燥法相结合。既能利用前者能耗低的优点，又能利用后者不受气候条件影响的特点。

（2）发酵法　发酵法为利用厌氧菌和好氧菌使粪便发酵的处理方法。

1）厌氧发酵（沼气发酵）法。这种方法适用于处理含水量高的粪便。一般经过两个阶段：第一阶段是由各种产酸菌参与发酵液化过程，即复杂的高分子有机质分解成分子量小的物质，主要是分解成一些低级脂肪酸；第二阶段是在第一阶段的基础上，经沼气细菌的作用变换成沼气。沼气细菌是厌氧细菌，所以厌氧发酵过程必须在完全密闭的发酵罐中进行，不能有空气进入，发酵所需热量要由外界提供。厌氧发酵产生的沼气可作为居民生活燃料，沼渣还可做肥料。

2）快速好氧发酵法。利用粪便本身含有的大量微生物，如酵母菌、乳酸菌等，或采用专门筛选出来的发酵菌种，进行好氧发酵。通过好氧发酵可改变粪便品质，使粪便熟化并杀虫、灭菌、除臭。

三、污水的无害化处理

除粪便以外，猪场污水对环境的污染也相当严重。因此，污水处理工程应与猪场主建筑同时设计、同时施工、同时运行。

猪场的污水来源主要有4条途径：①生活用水；②自然雨水；③饮水器终端排出的水和饮水器中剩余的污水；④洗刷设备及冲洗猪舍的水。

猪场的污水处理基本方法多种多样，有沼气处理法、人工湿地分解法、生态处理系统法等，各场可根据本场具体情况选择应用。下面介绍一种污水处理法，其流程图如图1-68所示。

全场的污水经各支道汇集到场外的集水沉淀池，经过沉淀，猪粪等固形物留在池内，污水排到场外的生物氧化沟（塘），污水在氧化沟内缓慢流动，其中的有机物逐渐分解。据测算，氧化沟尾部污水的化学需氧量（COD）可降至200毫克/升左右，这样的水再排入鱼塘，剩余的有机物经进一步矿化作用，为鱼塘中水生植物提供肥源，化学需氧量可降至100毫克/升以下，符合污水排放标准。

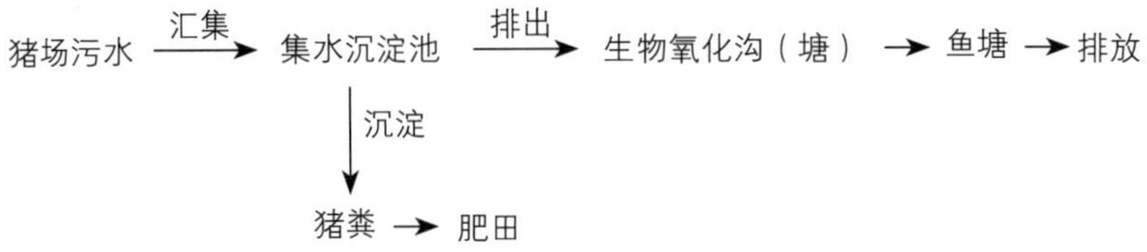

猪场污水 →(汇集)→ 集水沉淀池 →(排出)→ 生物氧化沟（塘）→ 鱼塘 → 排放
集水沉淀池 →(沉淀)→ 猪粪 → 肥田

图1-68　猪场污水处理流程图

四、病死猪的无害化处理

在养猪生产过程中，各种原因致猪死亡的情况时有发生。如果猪群暴发某种传染病，则猪死亡数量会成倍增加。这些病死猪若不加处理或处理不当，病原微生物会污染大气、水源和土壤，造成疾病的传播与蔓延。病死猪的处理可采用以下几种方法。

（1）高温处理法　将病死猪放入特设的高温锅（490千帕，150℃）内熬煮；也可用普通大锅，经100℃以上的高温熬煮处理，均可达到彻底消毒的目的。对于一些危害人、畜健康，患烈性传染病死亡的病死猪，应采取焚烧法处理。

（2）土埋法　这是利用土壤的自净作用使病死猪无害化的方法。采用土埋法，必须遵守卫生防疫要求，即尸坑应远离畜舍、居民点和水源，掩埋深度不小于2米。必要时尸坑内四周应用水泥板等不透水材料砌严，病尸四周应撒上消毒药剂，尸坑四周最好设栏栅并做上标记。较大的尸坑盖板上还可预留几个孔道，套上硬塑料管，以便不断向坑内埋入病死猪。

五、垫料的无害化处理

（1）窖贮或堆贮　猪粪和垫料的混合物可以单独"青贮"。为了使发酵作用良好，混合物的含水量应调至40%，否则粪便的黏性过大，会影响操作。混合物在堆贮后4~8天，堆贮温度达到最高峰（可杀死多种微生物），保持数天后，逐渐与外界温度相等。

（2）直接燃烧　如果粪便与垫料混合物的含水率在30%以下，就可以直接燃烧，作为燃料来供热，同时满足本猪场的热能需要。粪便与垫料混合物的直接燃烧需要专门的燃烧装置。如果猪场暴发某种传染病，此时的垫料必须用燃烧法进行处理。

（3）生产沼气　用粪便作为沼气原料，一般需要加入一定量的植物秸秆，以增加碳源。而用粪便与垫料混合物作为沼气原料，由于其中已含有较多的垫草，碳、氮比例较为合适，作为沼气原料使用起来十分方便（图1-69）。

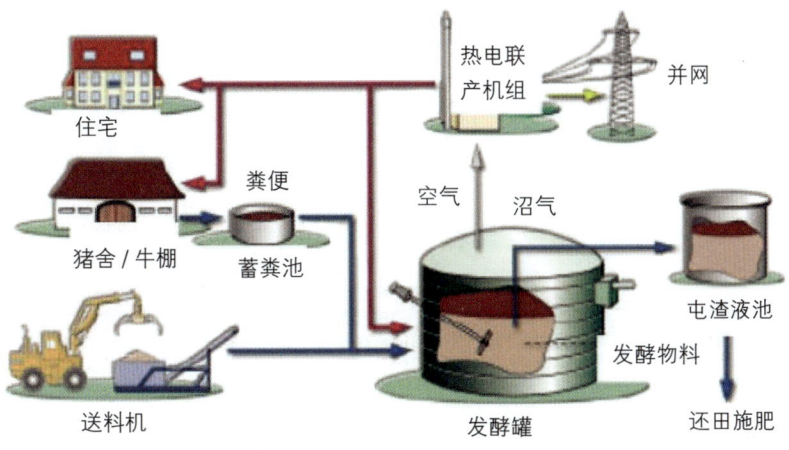

图 1-69　畜禽粪便加农作物下脚料的沼气发热供电工程

第二章
高产母猪品种的选择与利用

第一节 猪的生物学特性和经济类型

一、猪的生物学特性

猪在进化过程中,由于自然选择和人工选择的作用,逐渐形成了某些与马、牛、羊等不同的特性。

(1)多胎高产,世代间隔比较短　猪一般4~5月龄性成熟,6~8月龄就可以初次配种。猪的妊娠期短,只有114天左右。小母猪在1岁时或更早即可产仔。经产母猪一年能产两胎以上,每胎10头左右,一年可提供哺乳仔猪20头左右或更多。若提早断奶或采用激素处理,母猪可年产2.2~2.5胎,每年提供哺乳仔猪25~30头(图2-1)。我国地方猪种的产仔数更多,分布在长江下游太湖流域的太湖猪是全世界猪种中产仔数最多的猪种,经产母猪每窝产仔数达15~16头。

猪的性成熟早,妊娠期短,因而世代间隔比马、牛、羊都短,一般1~2年一个世代。有的猪场采用头胎母猪留种,可缩短至一年一个世代,加速了猪群的更新和选育进展。

(2)生长期短,增重速度快　和马、牛、羊相比,猪的胚胎生长期和出生后生长期最短,但生长强度最大。

由于胚胎生长期短,同胎仔猪数又比较多,故出生时发育不充分,头的比例比较大,初生体重小(占成年体重的1%以下),各系统器官发育不完善,对外界环境的抵抗力较差(图2-2)。

猪出生后,为补偿胚胎期内发育不足,出生后的头两个月生长发育特别快。1月龄体重为初生重的5~6倍,2月龄体重为1月龄的2~3倍。发育如此迅速,可使其各系统的器官趋向完善,能很快适应出生后的外界环境生活。猪在8月龄前,生长速度仍然很快,后备猪在8~10月龄,体重可达成年猪体重的40%~60%,体长可达成年体长的70%~80%。在良好饲养条件下,优良品种或杂交育肥猪,6月龄体重可达90~100千克。据研究,育肥新淮猪在53~81千克阶段,日增重达704克;而81千克以后,日增重渐趋下降；在150千克以后，平均日增重只有300多克。

（3）**具有杂食性，饲料转化率高** 猪属杂食动物，其门齿、犬齿和臼齿均较发达，胃是肉食动物的单胃与反刍动物的复胃之间的中间类型，因而能利用各种动植物和矿物质饲料（图2-3）。但猪不是什么食物都吃，有择食性，能辨别口味，特别喜爱甜食。猪具有坚强鼻吻，好拱土觅食，所以对猪舍建筑和饲料地有破坏性，也容易从土壤中感染寄生虫等疾病。

图2-1 每胎产多仔

图2-2 初生时对外界环境的抵抗力较差

图2-3 猪能利用各种动植物和矿物质饲料

和肉用牛或羊相比，猪利用饲料转化成肉的效能较高。例如，猪在生长期的料肉比通常为（3.5~4）∶1，即喂给3.5~4千克的饲料可增长体重1千克；而1周岁主势牛在育肥期料肉比为（9~10）∶1，羔羊在育肥期料肉比为（8~9）∶1。

（4）**耐热性差，嗅觉和听觉灵敏，视觉不发达** 猪的汗腺退化，皮下脂肪层厚，体内热量不易大量散发，皮肤的表皮层较薄，被毛稀少，对光化性反射的防护力较差。这些生理上的特点，使猪不耐热。

猪需要的适宜温度随日龄不同而异。育肥猪的适宜温度通常为20~23℃；哺乳仔猪由于体温调节机能不健全，极怕冷，适宜温度：仔猪1~3日龄为30~32℃，4~7日龄为28~30℃，15~30日龄为22~25℃，20~30日龄为20~23℃。年龄较大的猪，若处在环境温度30~32℃下，直肠温度开始升高；若温度升高至35℃，相对湿度为65%或更高时，猪不能长期忍受。在较高的温度下，为了散热，猪会在泥泞或水中打滚，不时把潮湿的一侧身体暴露于空气中，或用鼻拱泥土，躺在较凉的下层泥土上。

猪的嗅觉发达，仔猪出生后几小时便能鉴别气味。母猪能利用嗅觉识别自己生下的仔猪，排斥别的母猪所生的仔猪。猪能用嗅觉区别排粪尿处和睡卧处。有的猪进圈后调教不好，第一次在圈内某处排粪尿，以后就会常在该处排粪尿。嗅觉在性机能中也有很大作用，发情母猪闻到公猪气味，即使公猪不在，也会表现出"发呆"的静立反应。

猪的听觉分析器官很完善，能细致鉴别声音强度、音调和节律，容易对呼名、口令和声音刺激的调教养成习惯，利用这一特点，饲养员常可进行各种调教。仔猪出生后几小时，就对声音有反应；但到 2 月龄左右，才能分辨出不同声音刺激；到了 3~4 月龄，就能较快地分辨出不同声音。

猪的视觉很弱，对光线强弱和物体形象的分析能力不强，不靠近物体就看不见东西，常会跑错圈门，分辨颜色的能力也差。

猪对痛觉刺激特别容易形成条件反射。例如，利用电围栏放牧，猪受到一两次微电击后，就再也不敢接触围栏了。猪的鼻端对痛觉特别敏感。利用这一特点，用铅丝、铁链捆紧猪的鼻端，可固定猪，便于打针、抽血等。

二、猪的经济类型

猪的经济类型，是人们根据市场对瘦肉和脂肪的需求差异和不同的饲养条件，经长期向不同方向选育而形成的，是品种向专门化方向发展的产物。猪可分为脂肪型、瘦肉型和肉脂兼用型三种。

（1）脂肪型　这类猪的胴体脂肪含量高，背膘很厚，平均为 4~5 厘米，最厚处可达 6~7 厘米，而瘦肉率很低，平均在 35%~45%。其外形特点是头大，下颌沉垂而多肉，体躯宽深而稍短，体长与胸围大致相等，全身肥满，四肢短粗。皮薄毛稀，肉质细嫩，早熟，一般是在饲养条件较差或能量饲料比较充裕的情况下育成的品种。例如，老型巴克夏猪，克米洛夫猪，东北的小荷包猪，南方的陆川猪、宁乡猪、内江猪等都属于这个类型（图 2-4），但近年来它已逐渐被肉脂兼用型猪代替。

（2）瘦肉型（腌肉型）　这类猪育肥期短，对饲料中的蛋白质利用率高，一般 6 个月体重达 90~100 千克，胴体瘦肉率为 55%~60%，背膘薄，平均为 1.2~2.2 厘米，6~7 肋骨背膘最厚处也不超过 2.5~3.5 厘米。其外形特点与脂肪型相反，头小，体长，背腰平直或略弓，肌肉发达，腿臀丰满，体长往往大于胸围 15~20 厘米。甚至更多（图 2-5）。从国外引进的长白猪、大白猪、汉普夏猪、杜洛克猪，以及我国培育的三江白猪、新淮猪等都属于瘦肉型品种。

（3）肉脂兼用型（鲜肉型）　这类猪的外形特点和产肉性能都介于脂肪型和瘦肉型之间。它以生产鲜肉为主，瘦肉和肥肉分别占胴体 50% 左右，背膘厚 4~5 厘米。我国的大部分猪种属于这一类型（图 2-6）。

图 2-4　脂肪型猪　　　　图 2-5　瘦肉型猪　　　　图 2-6　肉脂兼用型猪

不同类型猪生产肉脂比例的大小虽然由它的遗传性所决定，但也受饲养条件和育肥期长短的影响。例如，瘦肉型猪若延长育肥期，并喂给大量含碳水化合物丰富的饲料，胴体中瘦肉比例就会减少，相应的脂肪含量就会增加。

第二节　猪的主要品种

一、主要的地方品种

（1）东北民猪　东北民猪（图2-7）原产于我国东北和华北部分地区。其被毛全黑，头中等大，面直长，耳大下垂，单脊，腹围大，四肢粗壮，后躯斜窄。冬季密生绒毛，猪鬃良好，乳头7~8对。性成熟早，4月龄左右出现初情期，发情征候明显，配种受胎率高，有较强的护仔性。在农村，公、母猪体重达50~60千克时开始配种，平均头胎产仔11头左右，三胎以上产仔12~14头。

东北民猪（公）

东北民猪（母）

图2-7　东北民猪

东北民猪耐粗饲，但饲料转化率低。肌肉不丰满，皮过厚，因而影响了其肉用价值。

（2）金华猪　金华猪（图2-8）主要产于浙江省金华地区的东阳、义乌两地。其体躯中部和四肢为白色，头颈和臀尾为黑色，故俗称"两头乌"。体形较小，耳中等大，下垂，额面有皱纹，背略凹，腹稍下垂，臀较倾斜，乳头8对左右。成年公猪体重140千克左右，成年母猪体重110千克左右。

金华猪的特点是产仔多，农村养猪一般在5月龄（体重25~30千克）开始配种，初产母猪平均产仔10~11头，三胎以上可产13~14头，母性好，早熟易肥，屠宰率高，皮薄骨细，肉质细嫩，脂肪分布均匀，适于腌制火腿和咸肉。但体形不大，仔猪初生重小，生长慢，后腿不够丰满。

金华猪(公)　　　　　　　金华猪(母)

图2-8　金华猪

（3）太湖猪　太湖猪（图2-9）主要分布于长江下游江苏、浙江和上海交界的太湖流域。其体形稍大，头大额宽，额部和后躯有明显皱褶，耳特大、软而下垂、近似三角形，背腰微凹，胸较深，腹大下垂，臀宽倾斜，四肢稍高，卧系散蹄，被毛稀疏，毛色全黑或青灰色，也有四蹄或尾尖为白色的，乳头8~9对，产仔数12~15头，高者达20头以上，成年公、母猪体重分别为140千克和115千克。

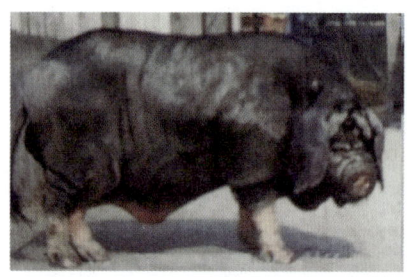

太湖猪(公)　　　　　　　太湖猪(母)

图2-9　太湖猪

太湖猪的特点是产仔多，性情温驯，母性强，早熟易肥，但后躯发育差，后臀不丰满，四肢较软，增重较慢。

（4）内江猪　内江猪（图2-10）原产于四川省内江地区，其体形大、被毛全黑，

内江猪(公)　　　　　　　内江猪(母)

图2-10　内江猪

鬃毛粗长，头大短宽，鼻极短，额部有深皱纹，耳大下垂，背宽微凹，腹围较大，乳头 6~7 对，农村饲养的母猪一般 6 月龄开始配种，初产母猪平均产仔 9 头左右，三胎以上产仔 10~12 头，成年公、母猪体重分别为 160 千克和 145 千克。

内江猪的特点是生长发育快、性情温驯，仔猪哺育率高，耐粗饲，适应性强，育肥性能好，但皮厚，影响其猪肉品质。

（5）荣昌猪　荣昌猪（图 2-11）原产于重庆市荣昌区和四川省隆昌市，其体形较大，除两眼四周或头部有大小不等的黑斑外，其余均为白色。头大小适中，面微凹，耳中等大、下垂，额面皱纹横行、有旋毛，体躯较长，背腰微凹，腹大而深，臀部稍倾斜，四肢细致、结实，鬃毛洁白、刚韧，乳头 6~7 对。农村饲养的母猪一般 6~7 月龄开始配种，初产母猪平均产仔 6~7 头，三胎以上产仔 10~11 头，成年公、母猪体重分别为 100 千克和 90 千克。

荣昌猪具有耐粗饲、适应性强、肉质好。瘦肉率较高、配合力好。鬃质优良、遗传性能稳定等特点，是中国最有影响力的地方猪种之一。

荣昌猪（公）

荣昌猪（母）

图 2-11　荣昌猪

（6）合作猪　合作猪（图 2-12）产于甘肃和青海一带，属于高原小型放牧猪种。其体躯短窄、呈椭圆形，毛色较杂，一般四肢、腹部、背腰多为白色，少数初生仔猪

合作猪（公）

合作猪（母）

图 2-12　合作猪

具有棕黄色条纹，但随年龄增长而消失。头狭小、呈锥形，额面无明显皱纹，耳小直立，背腰平直或稍拱起，腹小微垂，蹄小坚实，体质强健，乳头一般5对左右，经产母猪产仔4~7头。成年公、母猪体重分别为29千克和33千克。

合作猪的特点是采食能力强，对高寒气候及粗放管理条件的适应性强。皮薄，后腿发达，肉质好（多用于做腊肉）。猪鬃粗长，量多质优。但体形小，生长速度慢，育肥期长，繁殖力低。

（7）陆川猪 陆川猪（图2-13）原产于广西壮族自治区陆川等县。其身躯矮短，额有横纹且多有白斑，面略凹或平直，耳小向外平伸，背腰宽而凹陷，腹大拖地，臀短倾斜，尾粗大，四肢粗短，多卧系，后腿有皱褶，被毛短细、稀疏，除头、耳、背、臀和尾为黑色外，其余为白色，乳头6~7对，产仔10头左右，成年公、母猪体重分别为100千克和75千克。

陆川猪的特点是早熟易肥，生长发育快，繁殖、泌乳力强，耐粗饲，适应性好。但体形较小，大腿欠丰满。

陆川猪（公）

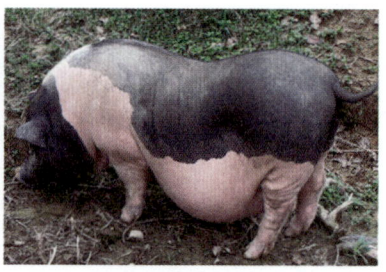
陆川猪（母）

图2-13 陆川猪

（8）宁乡猪 宁乡猪（图2-14）产于湖南省宁乡等地，其毛稀而短，为黑白花，体躯上部多为黑色，下部为白色。头中等大小，额面有形状和深浅不一的横行皱纹，耳较小、下垂，颈短宽、多有垂肉，背腰宽，背线多凹陷，腹大下垂，臀宽微倾斜，四肢粗短，乳头6~7对，产仔10头左右。成年公、母猪体重分别为150千克和125千克。

宁乡猪（公）

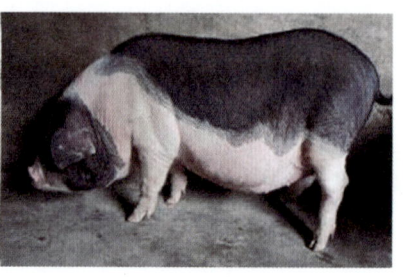
宁乡猪（母）

图2-14 宁乡猪

宁乡猪的特点是耐粗饲，早熟易肥，脂肪蓄积能力强，皮薄、骨细、肉嫩。但腹大拖地，耐寒性差。

（9）香猪 香猪（图2-15）主要产于贵州省的从江县和广西壮族自治区的环江毛南族自治县，是典型的地方品种。其体躯矮小且短，毛色全黑或半白。头较直，额部皱纹浅而少，耳小而薄，略向两侧平伸或稍下垂，背腰宽，微凹，腹大丰圆、下垂，后躯较丰满。四肢短细，后肢多卧系，乳头5~6对，母猪初情期为4月龄，初产母猪产仔4~6头，三胎以上产仔6~8头。

 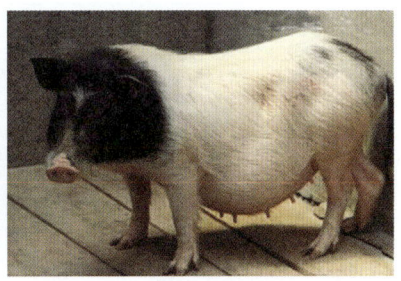

香猪（公）　　　　　　　　　　香猪（母）

图2-15 香猪

香猪作为一种独特的地方猪品种，具有很多特点。它适应性强，耐粗饲，早熟易肥，肉质好，受到广泛欢迎。

二、主要的培育品种

（1）哈白猪 哈白猪（图2-16）原产于黑龙江省哈尔滨一带，由约克夏猪、苏白猪等与当地民猪杂交育成，属肉脂兼用型品种。其被毛全白，头中等大小，耳直立、前倾，面微凹，胸宽而深，背腰平直，腿臀丰满，四肢健壮结实。母猪乳头6~7对，一般在8月龄体重90~100千克时配种，产仔10~12头。公猪在10月龄体重120千克左右时配种。成年公、母猪体重分别为220千克和175千克，屠宰率为72.6%。

 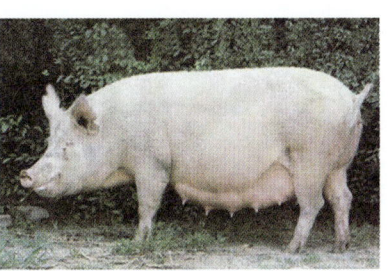

哈白猪（公）　　　　　　　　　　哈白猪（母）

图2-16 哈白猪

哈白猪的特点是性情温驯，繁殖力强，适应性强，抗寒耐粗饲，生长快，耗料少。

（2）新金猪　新金猪（图2-17）产于辽宁省普兰店区（原新金县）等地，由巴克夏公猪与本地民猪杂交育成，属肉脂兼用型品种。它全身大部分呈黑色，其余部分表现为"六白"或不完全六白。体躯结构匀称，头中等大小，面稍弯曲，两耳直立稍前倾，背腰平直，臀略斜，四肢健壮。母猪乳头6对以上，5~6月龄达性成熟，一般在9~10月龄体重达100千克左右初配，产仔11头左右。公猪性成熟期为5~6月龄，一般在9~10月龄开始利用。成年公、母猪体重分别为200千克和160千克，屠宰率为74%。

新金猪（公）

新金猪（母）

图2-17　新金猪

新金猪性情温驯，易于管理，早熟易肥，饲料转化率高，胴体品质好。

（3）新淮猪　新淮猪（图2-18）产于江苏省，由约克夏猪与当地淮猪杂交育成。其被毛纯黑，但体躯末端有少量白斑，头稍长，嘴角平直或微凹，耳中等大、向前下方倾垂，背腰平直，腹稍大但不下垂，臀略斜，四肢强壮。母猪乳头7对以上，90~100日龄达初情期，产仔11头左右。成年公、母猪体重分别为200千克和150千克，屠宰率为68%。

新淮猪（公）

新淮猪（母）

图2-18　新淮猪

新淮猪耐粗饲,适应性强,产仔多,但经济成熟性较差。

(4) 三江白猪 三江白猪(图2-19)产于东北三江平原,由长白猪与民猪杂交育成,属瘦肉型品种。其被毛全白,头轻嘴直,耳下垂,背腰宽平,腿臀丰满,四肢健壮。母猪初情期约在4月龄,初产母猪产仔10头左右,经产母猪产仔12头左右。成年公、母猪体重分别为250~300千克和200~250千克。

三江白猪(公)　　　　　　三江白猪(母)

图2-19　三江白猪

三江白猪生长发育快,饲料转化率高,抗寒能力强,胴体瘦肉率高、品质好。

(5) 上海白猪 上海白猪(图2-20)原产于上海市闵行区(原上海县)和宝山区,由约克夏猪、苏白猪与当地猪杂交育成。其被毛呈白色,体形中等,头面平直或微凹,耳中等大小、略向前倾,背腰宽,腹稍大,四肢健壮,腿臀丰满。母猪乳头7对左右,多于8~9月龄体重达90千克时初配,产仔数11~13头。成年公、母猪体重分别为250千克和180千克,屠宰率70%。

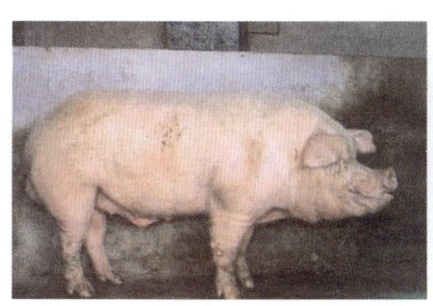 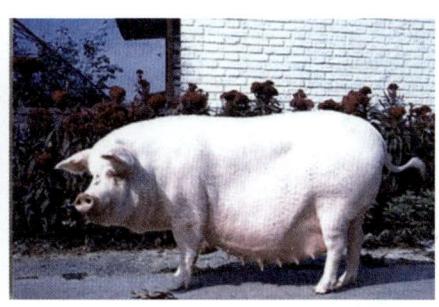

上海白猪(公)　　　　　　上海白猪(母)

图2-20　上海白猪

上海白猪生长发育快,繁殖力强,饲料转化率高。

(6) 北京黑猪 北京黑猪(图2-21)由巴克夏猪、约克夏猪、苏白猪与当地黑猪杂交育成。其全身被毛呈黑色,中等体形,头大小适中,两耳向前上方直立或平伸,面微凹，额较宽，背腰宽平，四肢健壮，腿臀丰满，结构匀称。乳头 7 对以上，初产母猪产仔 10 头左右，经产母猪平均产仔 11~12 头。成年公、母猪体重分别为 250 千克和 180 千克，屠宰率为 70%~72%。

北京黑猪（公）　　　　　　　　北京黑猪（母）

图 2-21　北京黑猪

北京黑猪适应性强，耐粗饲、肉质鲜嫩、瘦肉率高，口感好。

（7）湖北白猪　湖北白猪（图 2-22）原产于湖北武昌地区，是通过大白猪、长白猪、本地猪杂交和群体继代建系方法，闭锁繁育而育成的，是我国新培育的瘦肉型品种之一。其全身被毛呈白色，个别猪眼角、尾根有少许暗斑，头较轻、大小适中，鼻直、稍长，耳向前倾或下垂，背腰平直，中躯较长，后腿较丰满，肢蹄较结实。母猪乳头 6 对以上，初情期为 122 日龄左右，发情持续期为 6 天左右。初产母猪产仔数平均为 10.5 头，经产母猪产仔数平均为 12.5 头。成年公、母猪体重分别为 250~300 千克和 200~250 千克，屠宰率为 72%~73%。

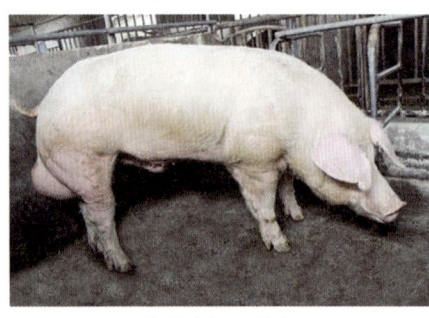

湖北白猪（公）　　　　　　　　湖北白猪（母）

图 2-22　湖北白猪

湖北白猪繁殖力强，瘦肉率高，肉质好，生长发育快，能耐受高温、湿冷的气候条件，是开展杂交利用的优秀母本品种。

三、主要的引进品种

（1）长白猪　长白猪（图 2-23）原产于丹麦，是世界上最著名的瘦肉型品种。其全身被毛呈白色，头小，鼻嘴狭长，耳前伸或下垂，身腰长，背平直而稍呈弓形，后躯发达，腿臀丰满，整个体躯呈前窄后宽的楔子形。乳头 7~8 对，产仔数 11 头左右。成年公、母猪体重分别为 210~250 千克和 180~200 千克，屠宰率为 71%~73%，胴体瘦肉率 58% 以上。

长白猪（公）　　　　　　　　长白猪（母）

图 2-23　长白猪

长白猪生长发育快，饲料转化率高，瘦肉率高，杂交效果好。但不耐寒，适应性较差。引入我国后经多年驯化饲养，适应性有所提高，分布范围日益扩大。随着内销和外贸对瘦肉型猪生产的迫切要求，在开展猪的二元或多元杂交利用提高瘦肉率方面，长白猪已成为重要的父、母本品种。

（2）大白猪　大白猪又称大约克夏猪（图 2-24），原产于英国，是世界上著名的瘦肉型品种。其被毛呈白色，头颈较长，面微凹，耳大，稍向前直立，身腰长，背平直而稍呈弓形，四肢高而强健，肌肉发达，乳头 6~7 对，产仔 11 头左右。成年公、母猪体重分别为 250~300 千克和 230~250 千克，屠宰率为 71%~73%。

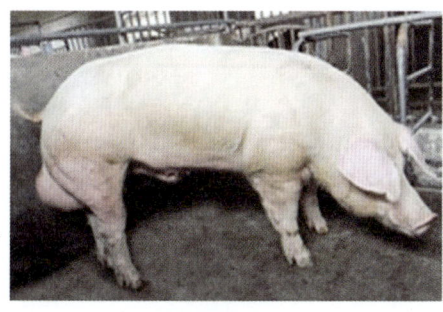

大白猪（公）　　　　　　　　大白猪（母）

图 2-24　大白猪

大白猪具有生长发育快、饲料转化率高、胴体瘦肉多（瘦肉率达61%）、产仔多、配合力好等特点，用大白猪作为父本与本地母猪进行二元杂交，杂种优势明显。

（3）杜洛克猪　杜洛克猪（图2-25）原产于美国，属瘦肉型品种。其体形高大，被毛呈红棕色，且个体间有深浅之分。头小，面微凹，耳中等大小，略向前倾，体躯宽深，背略呈弓形，四肢粗壮，腿臀部肌肉发达丰满。经产母猪产仔11头左右，成年公、母猪体重分别为350千克和240千克，屠宰率71%~73%，胴体瘦肉率达60%~65%。

杜洛克猪（公）　　　　　　　　　杜洛克猪（母）

图2-25　杜洛克猪

杜洛克猪生活力强，容易饲养，生长育肥快，饲料转化率高，产肉性能好。该品种猪在我国饲养繁殖状况良好，在商品猪生产中，利用该品种猪进行二元或三元杂交，对提高育肥猪胴体瘦肉率有明显效果。

（4）汉普夏猪　汉普夏猪（图2-26）原产于美国，属瘦肉型品种。头和中、后躯被毛呈黑色，肩部、前肢围绕着一条白带，头大小适中，耳直立，嘴直长，体躯略长于杜洛克猪，背宽大、略呈弓形，体质强健，结构紧凑，经产母猪产仔10头左右，成年公、母猪体重分别为315~410千克和250~340千克，屠宰率为70%~75%，胴体瘦肉率达60%以上。

 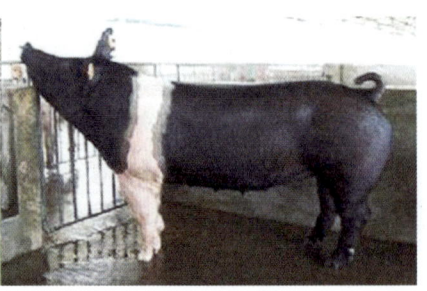

汉普夏猪（公）　　　　　　　　　汉普夏猪（母）

图2-26　汉普夏猪

汉普夏猪生长发育快，抗逆性强，饲料转化率高，胴体品质好，但产仔数较少。在我国养猪生产中，一般利用汉普夏猪作为二元杂交或多元杂交的父本。

（5）巴克夏猪　巴克夏猪（图 2-27）原产于英国，清代末年就开始引入我国。我国早期引入的巴克夏猪体躯丰满而短，是典型的脂肪型品种。20 世纪 70 年代以后引入的巴克夏猪体形已有所改变，趋于肉脂兼用型。该品种猪于 20 世纪中期在我国养猪生产中杂交利用较广泛，对促进我国猪种改良曾起到一定作用。巴克夏猪全身被毛大部分黑色而带有"六白"特征，即鼻端、四肢下部和尾稍为白色。头短而凹，嘴略向上翘，耳小前倾，背腰平直，肋骨开张，四肢粗壮，体质强健，性情温驯。成年公、母体重分别为 220~320 千克和 200~225 千克，产仔 7~8 头，屠宰率为 80% 左右。

巴克夏猪（公）　　　　　　巴克夏猪（母）

图 2-27　巴克夏猪

（6）苏白猪　苏白猪（图 2-28）原产于苏联，属肉脂兼用型品种。该品种猪在我国猪的杂交利用上曾一度产生过较大的影响，以其为父本与各地方品种的母猪杂交，可获得明显的杂种优势。在杂交育成新品种方面，苏白猪是利用面较广、贡献较大的品种。苏白猪全身被毛呈白色，头较大，嘴中等长，面微凹，体躯宽深，臀宽平，大腿丰满，四肢健壮，适应性较强。成年公、母猪体分别为 300~350 千克和 220~250 千克，产仔 11~12 头，屠宰率为 73.6%。

苏白猪（公）　　　　　　苏白猪（母）

图 2-28　苏白猪

（7）皮特兰猪　皮特兰猪（图2-29）原产于比利时，是由法国的贝叶杂交猪与英国的巴克夏猪进行回交，然后再与英国大白猪杂交育成的，是目前在欧洲流行的瘦肉型品种。

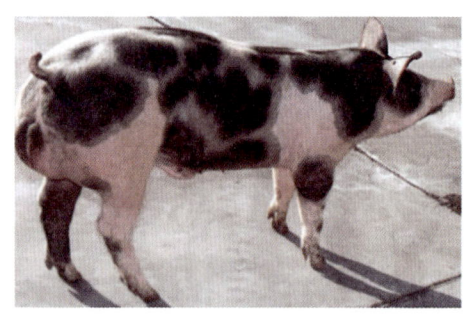
皮特兰猪（公）

皮特兰猪（母）

图2-29　皮特兰猪

皮特兰猪被毛呈灰白色并带有不规则的深黑色斑点，偶尔出现少量棕色毛。其头部清秀，面平直，嘴大且直，耳中等大小、略向前倾。体躯宽深而较短，肌肉特别发达，四肢短、骨骼细，平均窝产仔猪10头左右。与其他品种猪杂交，能显著提高杂交后代的瘦肉率。据报道，90千克体重生长育肥猪胴体瘦肉率为66.9%，日增重700克，料肉比为2.65∶1。

该猪具有肌肉发达、胴体瘦肉率高、背膘薄的特点，但繁殖力不高，后期增重较慢（商品肉猪90千克以后生长速度显著降低），且应激反应严重，肌肉纤维较粗，肉质较差。

第三节　猪的经济杂交

一、杂种优势及其度量方法

不同品种、品系和品群的猪进行杂交所产生的杂种后代，往往在生活力、日增重、饲料转化率等方面都超过其亲代纯繁类群的平均值，这种现象叫杂种优势。杂种优势的大小用杂种优势率表示，其计算公式为：

$$杂种优势率（\%）=\frac{杂种一代某一性状平均值-双亲该性状平均值}{双亲该性状平均值}\times 100\%$$

例如：本地猪的日增重180.5克，内江猪日增重225.1克，巴克夏猪日增重258.9克，内本猪（即内江公猪和本地母猪交配所生的杂种一代）日增重252.3克，巴本猪

（即巴克夏公猪与本地母猪交配所生的杂种一代）日增重245.2克，内巴本猪（即巴本杂种一代母猪和内江公猪交配所生的杂种）日增重278.4克，试计算内本猪、巴本猪、内巴本猪日增重的杂种优势率。

（1）计算内本猪日增重的杂种优势率

$$杂种优势率（\%）= \frac{252.3-\left(\frac{225.1+180.5}{2}\right)}{\frac{225.1+180.5}{2}} \times 100\%$$

$$= \frac{252.3-202.8}{202.8} \times 100\% = 24.4\%$$

（2）计算巴本猪日增重的杂种优势率

$$杂种优势率（\%）= \frac{245.2-\left(\frac{258.9+180.5}{2}\right)}{\frac{258.9+180.5}{2}} \times 100\%$$

$$= \frac{245.2-219.7}{219.7} \times 100\% = 11.6\%$$

（3）计算内巴本猪日增重的杂种优势率

$$杂种优势率（\%）= \frac{278.4-\left[\frac{1}{2} \times 225.1+\frac{1}{4}(258.9+180.5)\right]}{\frac{1}{2} \times 225.1+\frac{1}{4}(258.9+180.5)} \times 100\%$$

$$= \frac{278.4-222.4}{222.4} \times 100\% = 25.2\%$$

根据以上计算，内本猪、巴本猪、内巴本猪3种猪中，内巴本猪日增重的杂种优势率为25.2%，高于内本猪（24.4%）和巴本猪（11.6%），说明内巴本猪日增重杂种优势最好，巴本猪日增重的杂种优势最差。

二、杂交亲本的选择

杂交的亲本品种不同，杂交效果也不一样，这是由于不同杂交组合配合力不同造成的。一般来说，杂交亲本的遗传差异越大，杂交效果越显著。

（1）母本品种的选择　应选择在本地区数量多、分布广、适应性强的本地品种猪作为杂交母本。这是因为这种母本适应性强，对饲料条件要求不高，猪源易解决，杂种后代容易推广。另外，应选择繁殖力强、母性好、泌乳力高的猪种作为母本，这有利于杂种仔猪的成活和生长发育，降低杂种仔猪的生产成本。在不影响杂种仔猪生长速度的前提下，一般母本体形不一定太大。体形太大易浪费饲料。

（2）父本品种的选择　应选择生长速度快、胴体品质好、瘦肉率高、饲料利用能力强的猪种作为父本。具备这些性状的一般都是经过高度培育的猪种，如长白猪、大白猪、杜洛克猪、新淮猪、哈白猪、新金猪等。另外，还应选择与杂种要求的类型相同的猪种作为父本。如果要求杂种的瘦肉率高，而且在当地饲料条件较好的情况下，可选用长白猪、大白猪、杜洛克猪作为杂交父本。如果饲料条件差，饲养管理比较粗放，则选用苏白猪、哈白猪、新金猪等早熟易肥、耐粗饲的品种比较合适。至于父本的适应性和种源问题可以放在次要地位考虑，一般多用外来品种作为杂交父本。

三、杂交方式

经济杂交根据亲本品种数量的多少和利用方法的不同，目前在我国主要采用两品种杂交、两品种轮回杂交、三品种杂交和四品种杂交等方式。

（1）两品种杂交　两品种杂交又称二元杂交或单杂交，是养猪生产中以经济利用为目的，最简单、最实用、最普遍采用的一种杂交方式。它是选用两个不同品种猪分别作为杂交的父本和母本，只进行 1 次杂交，专门利用第一代杂种的杂种优势来生产商品猪（图 2-30）。其特点是杂种一代无论公母，全部不作种用，不再继续配种繁殖，而全部作为经济利用。例如，用长白猪与新金猪杂交所产生的子一代长 × 金仔猪全部育成商品猪出售。

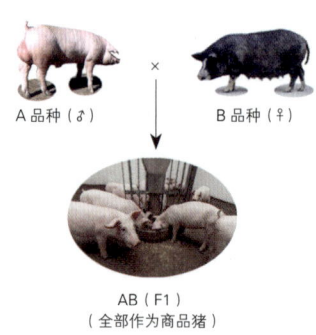

图 2-30　两品种杂交

这种杂交方式简单易行，只需进行一次配合力测定即可，对提高肉猪的产肉力有显著效果。但这种杂交方法只能利用仔猪的杂种优势，不能充分利用母猪繁殖性能方面的杂种优势。但因为用于繁殖的母猪都是纯种，而繁殖性能一般遗传力较低，杂种优势比较明显，不利用这方面的杂种优势是很可惜的。另外，用于更新的种猪必须是纯种猪，所以要经常维持一定数量纯种母猪群，成本较大，这对养猪生产者来说是很不利的。

（2）两品种轮回杂交　两品种轮回杂交是指先选用两个不同品种猪分别作为杂交的父本和母本进行杂交，然后从杂种一代母猪中选留优良个体，逐代分别与两个亲本品种的公猪进行杂交（图2-31）。这种方法，只要饲养两个品种的少量公猪就可以使杂种优势不断保持下去，又可以利用杂种母猪，饲养杂种母猪要比饲养纯种母猪更为经济，从而不断保持子代的杂种优势。

（3）三品种杂交　三品种杂交又称三元杂交，即先选用两个品种猪杂交，产生在繁殖性能方面具有显著杂种优势的子一代杂种母猪，再用第二个父本品种猪与其杂交，产生的后代全部作为商品猪育肥（图2-32）。

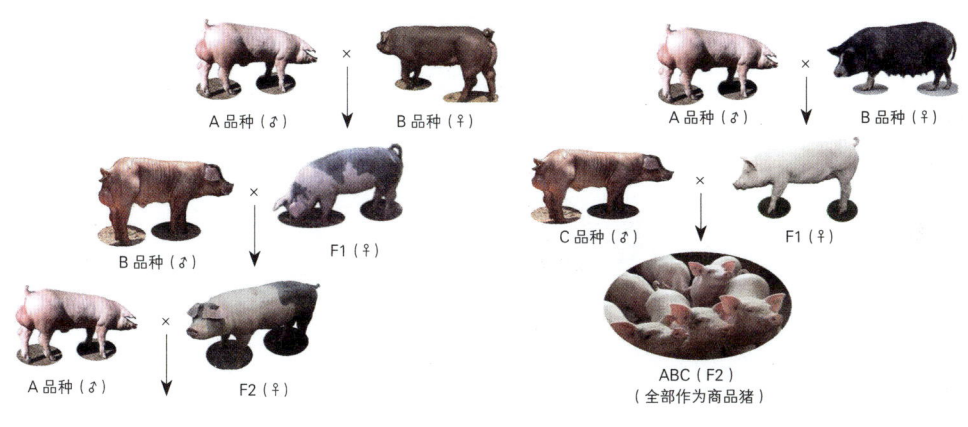

图2-31　两品种轮回杂交　　　图2-32　三品种杂交

在杂交过程中，一般第一、第二父本利用瘦肉率高的品种，第二父本还应选择生长发育快、育肥性能好的公猪。在养猪生产中采用的杜×长×本、汉×长×本等杂交形式都属于三品种杂交。

三品种杂交的杂种优势一般都超过两品种杂交。其优点是杂种母猪在生活力和繁殖力上本身就有杂种优势，产仔多，哺育能力强，有利于杂种仔猪的生长发育，杂种母猪再与第二个优良父本杂交，可获得经济价值更高的三品种杂种。如内江猪×（巴克夏猪×太谷本地猪），比巴克夏猪×太谷本地猪的平均日增重提高13.5%，每千克增重需饲料量减少3.5%。

三品种杂交的缺点是需要三个品种的纯种猪源，而且需要两次配合力测定，虽然其杂种优势高于两品种杂交，但成本较高，而且三品种杂交利用了二品种杂种一代杂种作为母本，遗传性不够稳定，易受生活条件的影响而改变，需要进行严格选择，否则杂交效果不稳定。

（4）四品种杂交　四品种杂交又可分为两种形式。一种是利用三品种杂交所得到的杂种母猪，再用另一品种的公猪进行杂交，称为四元杂交（图2-33）。另一种是用四个品种的猪，首先分别进行两两杂交，从后代中选留优良的个体，再在两个杂种间进行杂交，又称为双杂交（图2-34）。

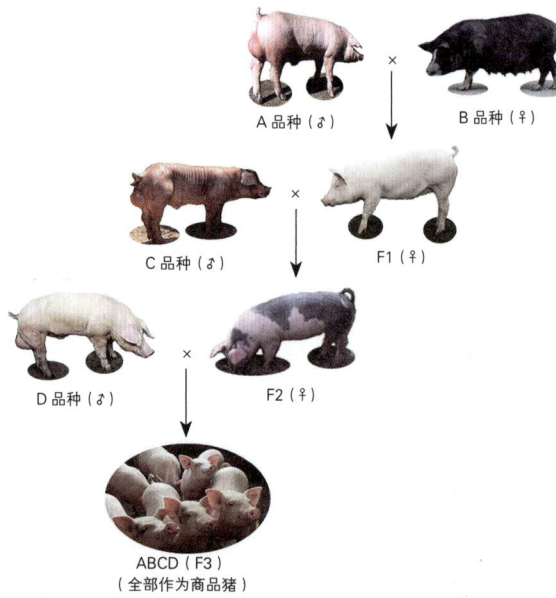

图 2-33 四元杂交

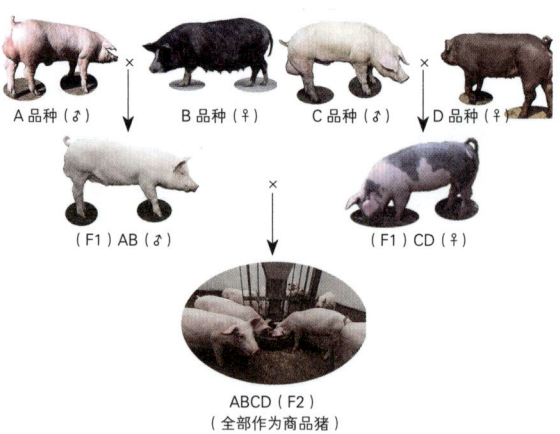

图 2-34 双杂交

第三章
高产母猪的繁殖与改良

第一节 猪的体形外貌与生产性能

一、猪的体表划分

猪的体表一般可以划分为 4 个部分,即头颈部、前躯部、中躯部和后躯部(图 3-1)。

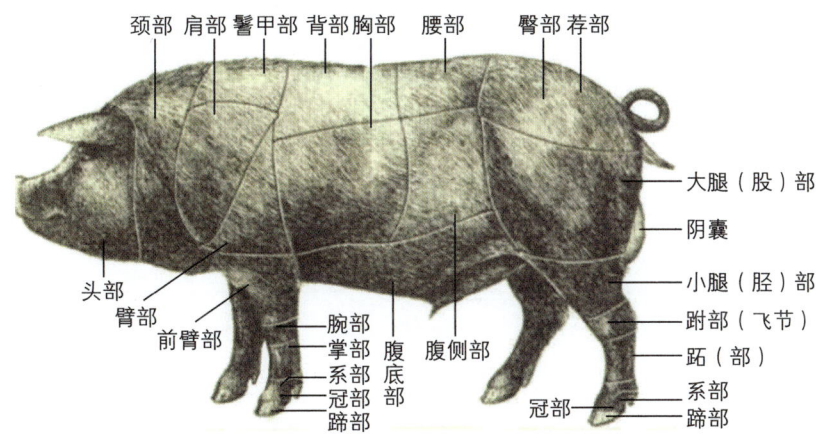

图 3-1 猪的体表划分

(1)头颈部 猪的头颈部划分是由鼻端开始到颈肩结合处止,包括猪的头部和颈部。

1)头部。头部包括额、耳、眼、脸、口裂、鼻嘴和下颌等。

2)颈部。颈部是猪头部和体躯连接的纽带。从枕骨后缘开始到颈肩结合处止。

(2)前躯部 猪的前躯部划分是由颈肩结合处到肩胛骨后缘止,前躯包括鬐甲、肩、胸、前肢等部位。

(3)中躯部 猪的中躯部划分是由肩胛骨后缘到腰角前缘止,包括背、腰、体侧、腹和乳头等部位。

（4）后躯部　猪的后躯部划分是由腰角前缘到臀端止，包括臀、尾、大腿（股）和后肢等部位。

二、高产母猪的理想体形

猪的体形是可见的外部形态特征，既反映了猪的经济类型、品种特征，而且还在一定程度上反映了猪的生长发育情况、生产性能、健康状态和对外界环境的适应能力（图3-2）。我国传统养猪非常注重视猪的体形外貌，并在依据体形外貌选种中积累了不少经验。

图3-2　典型的瘦肉型猪体形

（1）头颈　理想的头部应该是头的大小和体躯成一定比例，一般头长为体长的18%~24%。头的形状符合本品种的要求；眼大，明亮有神，上下眼睑平滑无皱，无眼屎；脸平滑无皱；口裂吻合良好，鼻嘴长直，略带弯度为好；耳大小和形状要符合本品种的要求，耳尖要薄，耳根要硬；下颌无垂肉。

颈前承头部，后接躯干，要求位置、方向端正，与头部和躯干结合良好，长短适中而丰满多肉。

外形不理想的主要缺陷是头部过分粗糙，鼻嘴尖长或过短，上、下颌长短不齐，吻合不良，额部窄，肌肉不丰满、不匀称。颈瘦薄或粗糙，过长或过短，与头部和躯体结合不良，在结合部出现凹陷。

（2）躯干　躯干的形状、容积与心脏等器官的发育和功能相关。同时，躯干是产肉的重要部位，因此，躯干的发育状况直接影响猪的产肉性能。躯干包括以下部位：

1）胸。胸要求宽深且圆，肋骨拱张，肩宽，肌肉附着良好，肩背结合良好。主要缺陷是胸浅窄而肋骨扁平，肌肉不丰满；肩窄，与肩胛骨衔接不良，出现凹陷。

2）鬐甲。鬐甲的基础是胸椎脊突、横突及两侧肩胛骨的上缘，它是颈、背和前肢肌肉的附着处，也是躯体运动的一个支点。肉猪的鬐甲较低，宽平，且与背成一条直线。主要缺陷是鬐甲窄而尖削，与肩胛衔接处有凹陷。

3）背、腰、胁。要求背腰宽长而平直或稍拱起，肌肉丰满、与臀部结合良好，无凹陷。胁部短而丰满、无皱褶。主要缺陷是背腰短而尖削，呈屋脊状，向下凹陷或过分向上拱张，与臀部结合不良，有凹陷。胁部长大而下陷，是营养不良和肌肉松弛的反映。

4）臀、大腿。臀部要求长短适宜，平直或稍微倾斜，宽而多肉。大腿发育良好，丰满多肉、不凹陷，大腿至飞节部衔接良好，无凹陷。尾根粗，着生高，尾尖较细，尾长不过飞节。主要缺陷是臀部短而窄，倾斜，肌肉不丰满而尖削；大腿发育不良，肌肉不丰满而显瘦。尾根细，着生低，尾长过飞节。

5）乳房、乳头。要求乳腺发育良好，乳头不少于12个，两排乳头距离较宽，分布均匀，大小长度适中，无附生乳头（图3-3）。主要缺陷是乳腺发育不良，乳头少于12个，分布不均匀，有附生乳头或瞎乳头（图3-4）。

6）生殖器。要求外生殖器发育良好，母猪阴唇外形正常，阴门大而明显。母猪生殖器不理想的主要缺陷是外阴外形不正常，如阴门过小或上翘（图3-5）。

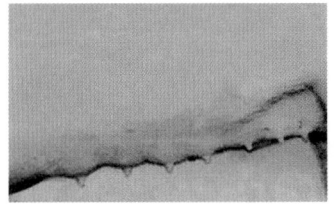 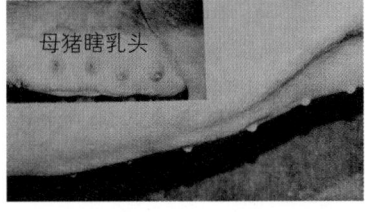 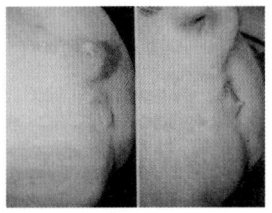

图 3-3　母猪乳头分布均匀　　图 3-4　母猪乳头不突出或有瞎乳头　　图 3-5　母猪阴门过小或上翘

（3）四肢　四肢要求结实而直立，前、后肢开张，肢不过长，骨骼细致结实。系部直立，不卧系不踏蹄，飞节发育良好。四肢不理想的主要缺陷是四肢臃肿，肢间距离窄，肢势不正，呈 X 或 O 形；飞节内靠，卧系踏蹄，蹄质疏松、有裂痕。

（4）皮毛　皮肤要求较薄而致密。被毛细顺贴于体表，油润而有光泽。主要缺陷是皮厚，被毛粗糙、无光泽。

三、猪的经济性状及测量

猪的重要经济性状大都属于数量性状，研究猪的数量性状的度量方法和遗传规律等是育种工作的基本环节。

（1）繁殖性状　繁殖性状指的是与繁殖有关的一些性状。这些性状几乎都是低遗传力的性状，通过表型选择得到的遗传进展不会很大，需要进行家系选择或家系内选择才能有明显的选择效果。

1）产仔数。产仔数一般是指母猪一窝的产仔（包括活仔、死胎、木乃伊胎等）总数，而最为有意义的是产活仔数，即母猪一窝产的活仔猪数量。

2）仔猪的初生重。包括初生个体重和初生窝重两个方面。前者是指仔猪出生后12小时之内、未吃初乳前的个体重，后者是指一窝仔猪体重的总和。

3）泌乳力。泌乳力是反映母猪泌乳能力的一个指标，是母猪母性的体现。现在常用 20 日龄仔猪的窝重表示母猪的泌乳力。

4）育成率。育成率是指仔猪断奶时的存活个数占初生时活仔猪数量（产活仔数）

的百分数。

$$育成率 = 仔猪断奶时存活个数 / 产活仔数 \times 100\%$$

（2）生长育肥性状　产肉是养猪生产的最终目标之一，而肉及其产品的形成唯有在生长育肥过程中完成。所以生长育肥性状是十分重要的经济性状和遗传改良的主要目标。生长育肥性状包括生长速度和料肉比两个性状。

1）生长速度。平均日增重是指在一定的生长育肥期内，猪平均每天活重的增长量，一般用克表示。对育肥期的划分，一般是从断奶后 15 天开始到 90 千克体重（活重）时结束；或者从 20~25 千克体重开始，达 90 千克体重时结束。在计算平均日增重时，务必掌握这个标准，否则将导致不准确乃至错误的结论。

2）料肉比。料肉比指在生长育肥期单位增重所消耗的风干饲料量，料肉比的倒数即饲料转化率。需要强调的是，饲料量是指全部饲料，如果喂有青绿饲料或粗饲料，应先按各种饲料分别计算，然后全部饲料统一折算为每千克增重所消耗的千克数。由于饲料消耗约占整个养猪业成本的 70% 或更多，所以料肉比应是猪遗传改良的主要性状之一。

（3）胴体性状　胴体是指活体猪经过宰杀放血、煺毛、去掉内脏（保留肾和板油），去掉头、蹄、尾后余下的部分。胴体性状一般包括屠宰率、瘦肉率、背膘厚度、眼肌面积、肉的颜色及风味等多个性状。

1）屠宰率。屠宰率是指胴体占宰前活重的百分数。

$$屠宰率 = 胴体重 / 宰前活重 \times 100\%$$

2）瘦肉率。瘦肉率是指瘦肉重占胴体重的百分数。

$$瘦肉率 = 瘦肉重 / (瘦肉重 + 脂肪重 + 骨重 + 皮重) \times 100\%$$

3）背膘厚度。背膘厚度与品种类型有关，与瘦肉率、饲料转化率呈负相关。实际测量时常用肩部最厚处、胸腰椎结合处和腰荐椎结合处 3 点的平均数表示。

4）眼肌面积。眼肌面积是指胸腰椎结合处的背最长肌的横断面积，其面积可用多种方法求出，但最准确的还是用求积仪求得。

5）肉的颜色。猪肉的颜色呈红色或粉红色，一般要求为鲜红色。猪的年龄大，则肉的颜色深；猪的年龄小，则肉的颜色浅。当放血不全时，猪肉呈暗红色。当猪患有应激综合征时易出现 PSE 肉（即颜色苍白、质地松软、向外渗水的劣质猪肉，一般这种肉的 pH 小于 5.7）。

6）肉的风味。肉的风味是反映肉质好坏的综合指标，是肉嫩度、大理石花纹等肉质指标的综合体现。

7）腿臀比例。在最后腰椎与荐椎结合处垂直切割下的后躯部分胴体的质量为腿臀重，腿臀重占胴体重的百分率为腿臀比例。

第二节 高产母猪的繁殖技术

一、母猪生殖器官解剖生理

母猪的生殖系统主要由卵巢、输卵管、子宫、阴道和外阴部等几个部分组成，其主要功能是产生卵子、交配和孕育胎儿（图3-6）。

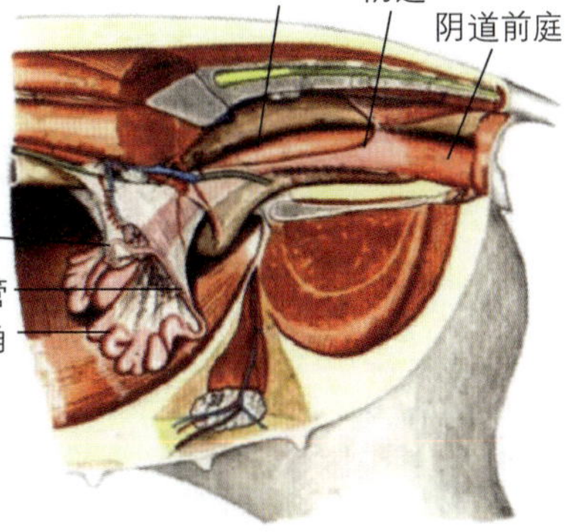

（1）卵巢 卵巢分为左右两个，位于腹腔内肾脏的后方，固定在子宫韧带的前缘上，呈葡萄状，其功能是产生卵子和分泌雌激素，刺激母猪发情。母猪妊娠后由卵巢上的黄体分泌孕激素，以确保母猪的妊娠。

（2）输卵管 输卵管是连接卵巢和子宫的一条弯曲细管，靠近卵巢一端呈现喇叭口形，称为伞部，和卵巢很接近，几乎包在卵巢上面，形成卵巢囊，这样可以确保卵巢排出的卵子落入输卵管内。

图3-6 母猪的生殖系统

输卵管是精子和卵子结合受精的场所。配种后精子经子宫上行，而卵子自输卵管伞部下行，在输卵管上1/3处结合受精而形成受精卵，然后运行到子宫内着床。

（3）子宫 猪的子宫有两条长而弯曲的带状子宫角，分别与两条输卵管相连接，两子宫角汇合形成一段较短的部分称子宫体，其下是子宫颈。

子宫是胚胎发育的场所，受精卵运行到子宫后，附着于子宫壁上发育成熟。母猪配种后，子宫是精子的必经之处，子宫借助于肌纤维有节律的收缩，促使精子进入输卵管而与卵子相遇，结合受精。在母猪妊娠期，子宫腺分泌的子宫乳可为胚胎早期发育提供营养。母猪分娩时，子宫会发生强有力的收缩，有利于胎儿产出。此外，子宫颈是子宫的门户，在不同的生理状况下，执行启闭功能。发情时稍开放，允许精子进入；妊娠时分泌浓厚的黏液，形成子宫栓塞，防止细菌和异物侵入，保护胎儿的正常发育；临产时松弛扩张，以便胎儿产出。

（4）阴道 阴道是母猪的交配器官，也是胎儿产出的通道。阴道的上方是直肠，下方是膀胱，前方接子宫颈（人工授精操作时，输精管插入可以明显感觉到），后端接外阴部。

（5）外阴部 外阴部包括尿生殖前庭、阴唇和阴蒂。母猪发情时，外阴部充血肿胀，阴道内壁增厚，并有黏液排出。

二、母猪的发情与配种

1. 母猪的性成熟与体成熟

（1）性成熟　母猪发育到一定时期，性器官发育成熟，表现出发情现象和性行为，开始具备生殖的能力，这一时期称为性成熟。性成熟的早晚与品种、个体、营养和季节等因素有关。母猪的初情期即性成熟的初始时期，一般母猪在4~8月龄期间出现初情期，也就是第一次发情。长白猪6~8月龄性成熟，东北民猪为4~5月龄性成熟。

（2）体成熟　母猪的体成熟是指其整个身体的各个系统器官都发育达到成熟，且具备了成年母猪所具备的形态结构和生理机能。长白猪体成熟时间一般为10~12月龄，一般母猪体重达到成年体重的50%~60%即达到体成熟。

2. 母猪的发情周期与发情鉴定

（1）母猪的发情周期　健康母猪性成熟后便开始有周期性往复循环的发情现象，母猪从本次发情开始到下次发情开始的间隔时间，称为一个发情周期。成年母猪的发情周期为17~25天，平均为21天。母猪的发情周期包括发情持续期（发情期）和休情期，母猪有发情表现的时间称为发情持续期，一般为3~5天。

（2）母猪的发情鉴定　根据母猪发情期内的外观征候，母猪的发情持续期可分为四个时期，即发情初期、高潮期、适配期和低潮期。

①发情初期。这一时期母猪阴门肿胀，黏膜湿润，外观上主要表现出性兴奋、爬圈或爬跨其他猪等行为（图3-7、图3-8）。

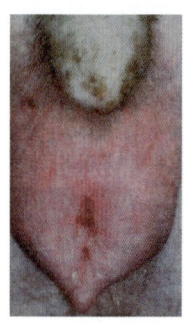
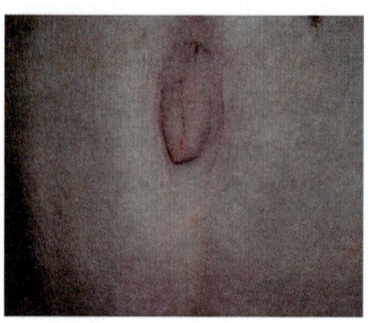
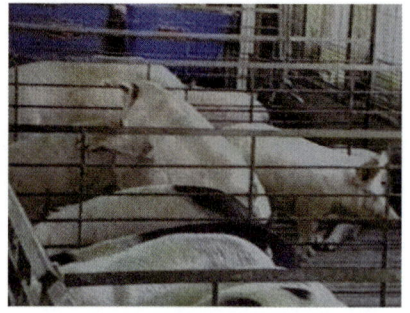

图3-7　母猪发情初期外阴肿胀
（右图为未发情母猪外阴对照）

图3-8　母猪发情初期爬跨其他猪

②高潮期。这一时期母猪表现为更加兴奋不安，嚎叫，在圈内起卧不安，阴门及阴蒂肿胀更加明显（图3-9），阴道黏膜红润，流出黏液（图3-10），频繁排尿，爬圈或爬跨同圈其他猪，但不会安静地接受爬跨。

③适配期。这一时期母猪神情呆滞，阴门肿胀度减退，出现皱褶，黏膜颜色呈紫

红色或暗红色，黏液变稠。按压母猪腰荐部时，表现为安静不动（静止反射），这就是适配期（图3-11）。

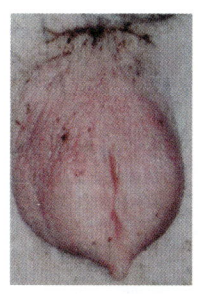 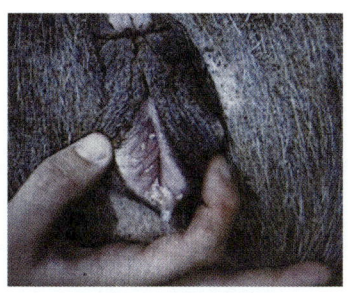 

图3-9　母猪外阴高度肿胀　　图3-10　母猪阴道黏膜红润，流出黏液　　图3-11　母猪发情适配期的静止反射

④低潮期。这一时期母猪食欲恢复正常，阴门收缩，红肿消失，拒绝公（母）猪爬跨，发情逐渐终止。

3. 母猪最佳配种时间的选择

俗话说："若叫母猪配得准，发情火候要拿稳"。也就是说，母猪发情后，配种时间是提高受胎率和产仔数的关键。

母猪是发情多周期性的家畜，可终年配种。为了使母猪能年产两胎或两胎以上，就必须掌握公、母猪适时交配的时间。要做到适时配种，首先要掌握母猪发情排卵规律，并根据两性生殖细胞在母猪生殖道内存活的时间，全面地加以考虑。

公、母猪交配后，精子和卵子在输卵管上端结合。一般母猪在发情开始后24~36小时排卵。排卵持续的时间长短不等，一般为10~15小时，卵子在输卵管中具有受精能力的时间是8~12小时。公猪排出的精子在母猪生殖道内一般可存活10~20小时。据此推算，配种适宜的时间是母猪排卵前2~3小时，即发情开始后19~30小时。若交配过早，当卵子排出时，精子已失去受精能力；若交配过晚，当精子进入母猪生殖道内的受精部位，卵子已失去受精能力，两者均会降低受精率，即使受精，也会因受精卵的活力不强而易中途死亡。为达到适时配种的目的，在生产实践中要认真观察母猪发情开始的时间，并做到因猪而异。我国地方猪种的母猪发情征候明显，但老龄母猪发情的时间较短，配种时间可适当提前；年轻母猪发情的持续时间长，配种时间可适当推迟。经验是"老配早，小配晚，不老不小配中间"。国外培育品种，发情征候不明显，而且持续时间短，宜早配。

可根据母猪发情的外部表现和行为掌握适宜配种的时间。当母猪阴门红肿刚开始消退和静立不动时，正处于排卵期，是配种的最佳时间。

一般老龄母猪在发情的当天就可配种，中年母猪在发情的第2天配种，青年母猪在发情后的第 3 天配种较为适宜。配种时间因品种不同而有区别，一般我国地方品种配种时间在发情后的 2~3 天，培育品种在发情后的第 2 天配种，杂交猪在发情后的第 2 天下午到第 3 天上午配种比较适宜。

根据经验，一般母猪在下午配种，产仔的时间多在白天。

4. 母猪的交配方式和方法

猪的配种方式按配种过程的操作方法分为人工输精和本交。人工输精是指借助于专门器械，用人工方法采取公猪的精液，经体外检查与处理后，输入发情母猪的生殖道，使其受胎的一种繁殖技术。让发情母猪与公猪直接交配称为本交。按在本交过程中是否需要人工辅助，分为自然交配和人工辅助交配；按母猪发情期配种次数和使用种公猪情况，分为单次配、重复配、双重配及多次配等。

在本交过程中，如果母猪和公猪的个体相差不大，一般交配没有困难。但是，如果母猪和公猪的体格相差很大，交配发生困难，就需要人工辅助了。应先将母猪赶到交配地点，然后赶入配种计划指定的与配公猪。让个体小的母猪站在斜坡的高处，让个体大的公猪站在低处。当公猪爬上母猪背部时，可把母猪的尾巴拉向一侧，以使公猪的阴茎顺利地插入母猪的阴道内，必要时可用手握住公猪包皮引导阴茎插入母猪阴道内（图 3-12）。然后根据公猪肛门附近肌肉的波动情况，判断公猪是否射精及射精时间的长短。母猪配种后应立即赶回原圈休息，以防精液倒流，或让母猪站在斜坡上，头部向下多待一会儿，再赶母猪回猪圈。配种后要及时做好配种记录，作为正确饲养管理的依据。

母猪在一个发情期内的配种次数，可根据猪场的条件来决定。

（1）单次配　单次配指在母猪的 1 个发情期内，只用一头公猪交配 1 次（图 3-13）。这种方式在适时配种的情况下，也能获得较高的受胎率，并减轻了公猪的负担。缺点是只配种一次不太保险，一旦掌握不好配种时机，受胎率和产仔数都受到影响，在生产中一般不提倡这种配种方式。

图 3-12　母猪人工辅助配种

图 3-13　母猪只与公猪交配 1 次

（2）重复配　重复配指在母猪的1个发情期内，用同一头公猪先后配种2次（图3-14）。2次间隔时间为8~24小时，即上午配1次，下午再配1次，间隔8小时；或下午配1次，第2天上午再配1次，间隔12小时；或上午（或下午）配1次，第2天上午（或下午）再配1次，间隔24小时。这种方式比单次配种的受胎率和产仔数都高。因为在母猪的整个排卵期内让输卵管内有保持活力的精子，可以使卵巢内先后排出的卵子都能得到受精的机会。在生产中，大多数猪场对经产母猪都采用这种配种方式。

图3-14　母猪与同一头种公猪交配2次

（3）双重配　双重配指在母猪的1个发情期内，用同一品种或不同品种的2头公猪，先后间隔10~20分钟各配1次（图3-15）。这种方法，能引起母猪强烈性兴奋，而使卵子加快成熟，缩短排卵时间，多排卵，使母猪多产仔；由于排卵时间缩短，卵子能在短时间内受精，仔猪发育整齐；由于卵子可选择2头公猪精液中最合适的一种精子受精，增加了受精卵的健全程度，仔猪生活力强。商品肉猪场可采用这种方式，种猪场、育种场不宜采用，以免造成血统混乱。

图3-15　母猪与2头种公猪先后各交配1次

（4）多次配　多次配指在母猪的一个发情期内，用同一头公猪交配3次或3次以上。3次配种适合于初产母猪或某些刚引入的国外品种。配种次数过多，造成公、母猪过于疲劳，从而影响性欲和精液品质，因此，应注意避免。

三、母猪的人工输精技术

1. 人工授精的优点

（1）提高优良公猪的利用率，加速猪种改良　自然交配时，1头公猪1次只能和1头母猪交配，而人工授精时1头公猪1次的采精量可以给10头左右的发情母猪输精，这就提高了种公猪的配种效率。

（2）节省饲养成本　可以减少种公猪的饲养头数，节约饲料等饲养管理费用。

（3）克服生殖障碍　可以克服公、母猪体重相差悬殊而造成的配种困难或生殖道某些异常导致不易受胎的困难。

（4）有利于精液长时间贮存　采出的精液，经过稀释可长时间贮存，经过运输可使母猪配种不受地区限制和有效地解决公猪不足地区母猪的配种问题。

（5）防止疫病传播　采用人工授精配种，公、母猪不直接接触，可防止疫病传播，特别是有效地防止生殖器官疾病的传播。

（6）提高母猪的受胎率、产仔数　人工授精便于采用重复输精和混合输精等繁殖技术，输精前精液均经过检查，只有优质的合格精液才能用于输精，而且可以选择最适当的时机，将精液输到最适当的部位，提高了母猪的受胎率、产仔数和仔猪成活数。

2. 人工输精操作技术

（1）精液的贮存与运输　如果是新鲜精液，将精液置于室温（25℃）下1~2小时后，放入17℃恒温箱贮存（图3-16）。也可用精液瓶或袋用毛巾包严，直接放入恒温箱内。一般稀释液可贮存3天，无论用何种稀释液贮存精液，都应尽快用完。精液运输应置于保温较好的装置内，温度保持在16~18℃，精液在运输过程中应避免强烈振动。如果是冷冻精液，应在液氮中贮存和运输（图3-17~图3-19）。

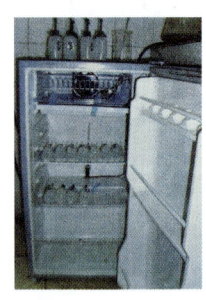

图3-16　新鲜精液的贮存

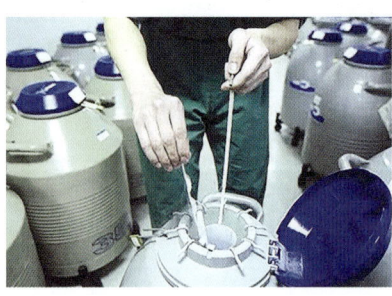

图3-17　冷冻精液的贮存

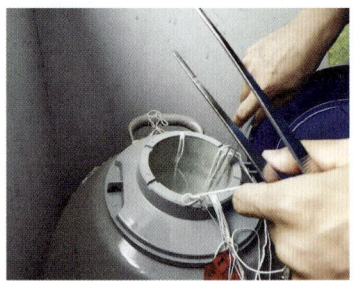

图3-18　冷冻精液的取出

（2）精液的品质检查　为了保证输精后有较高的受精率和较多的产仔数，在输精前必须进行精液品质检查（图 3-20）。

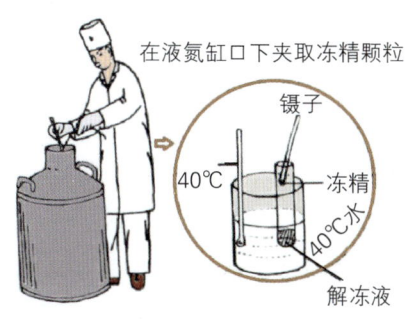

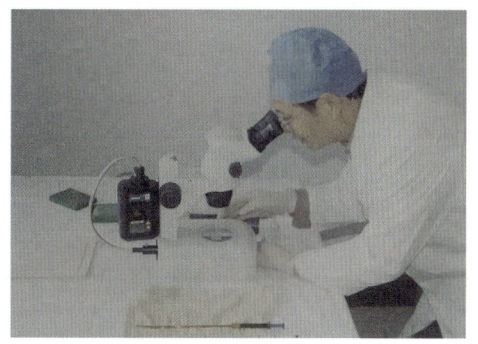

图 3-19　冷冻精液的解冻　　　　图 3-20　显微镜检查精液品质

在进行精液品质检查时，新鲜精液要注意保温，贮存的精液要缓慢升温，而且要轻轻振动，以补充氧气。操作要迅速、准确，操作过程不能使精液品质受到影响。取样要有代表性，因为死精子与活精子，精子与精清的比重不同，取样时要先摇匀，而且最好一次取两个样品检查。

①颜色检查。正常精液为乳白色或灰白色（图 3-21）。混有尿液的呈黄褐色，混有血液的呈浅红色，若有脓汁则呈黄绿色，这些精液都不能使用。

②气味检查。正常精液有一种特殊的腥味，新鲜精液气味较重。有臭味等异味的精液不能使用。

③密度检查。可用估测法评定精子的密度：滴一滴精液放在载玻片上，轻轻盖上盖玻片，在 300 倍左右的显微镜下观察，如果整个视野中布满精子，则为"密"。若视野中可以看见单个精子活动，彼此之间的距离约等于一个精子的长度，则为"中"；若在视野中分布稀疏，空隙很大，精子间的距离超过一个精子的长度，则为"稀"（图 3-22）。只有精液密度在"中"以上的方可用于输精。

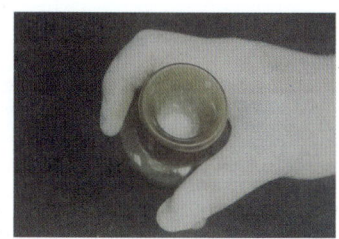

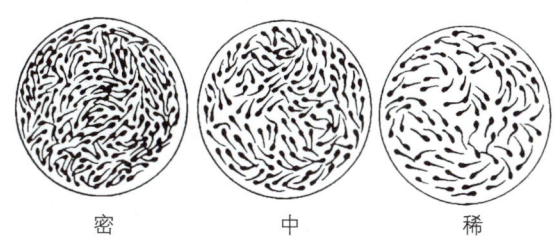

图 3-21　正常精液　　　　图 3-22　用估测法评定精子的密度

④活力检查。精子活力指精子活动的能力。精子的活动有直线前进、旋转、原地摆动三种，以直线前进的精子活力最强。检查时，先在载玻片上滴一滴精液，再轻轻

地盖上盖玻片，不要产生气泡。置于300倍左右的显微镜下观察，用视野中呈直线前进运动的精子数占视野中精子的估计百分比来表示精子活力。一般用于输精的精子活力要求在50%以上。注意贮存后的精液要先经1.5~2小时的振荡充氧，使之恢复活力后方可检查。

⑤冷冻精液的死、活精子比例检查。5%水溶性伊红和1%苯胺溶液配制成伊红苯胺黑染液后，将其分装于容量为0.5毫升左右的指形玻璃试管内。染色前将染液放入37~40℃恒温箱或水浴箱中预热，滴入解冻精液2~3滴，混匀后再放入温箱，3分钟后制作抹片，待抹片风干后在油镜下观察。死精子为红色，活精子不着色或只在头部的核环处呈浅红色。随机观察200个精子，计算出死、活精子的比例。通常活精子比例在30%以上的方可用于输精。

（3）输精　　适时准确地把一定数量优质精液输入发情母猪生殖道内适当部位，是确保得到较高受胎率、提高产仔数的关键。

猪的输精器由一只50毫升注射器连接一条橡皮输精管组成。输精前，要对所有输精器械进行彻底洗涤，严密消毒，最后用稀释液冲洗。一般器械可以用蒸煮法消毒。母猪外阴部用0.1%高锰酸钾或1/3000新洁尔灭溶液清洗消毒。冷冻精液必须先升温解冻，经质量检验合格的方可用于输精，一般要求解冻后的精子活力不得低于30%。新鲜精液、常温或低温贮存的精液镜检活力要在60%以上，温度较低时，要升温到35℃。

输精时，先用已消毒的注射器吸取合格精液20毫升左右（技术熟练的可用10~15毫升输精量），排出空气。让母猪自然站稳，输精前擦洗母猪外阴（图3-23），并在输精胶管前端涂以少许精液使之润滑。注入时，首先用左手将阴唇张开，再将输精管插入阴道，先向上方轻轻插入10厘米左右，以免损伤尿道口，再沿水平方向行进，边旋转输精管，边抽送，边插入。待插进25~30厘米感到插不进时，稍稍向外拉出一点，借压力或推力缓慢注入精液，如注入精液有阻力或发生倒流时，应再抽送输精管，左右旋转再压入（图3-24）。一般输精时间为2~5分钟，输精不宜太快。输精完毕后，缓慢抽出输精管，然后用手按压母猪腰部，以免母猪弓腰收腹，造成精液倒流。另外，

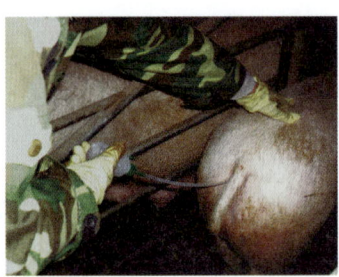
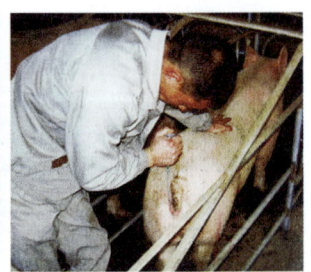

图3-23　输精前擦洗母猪外阴　　图3-24　输精

在输精过程中,可用手按压母猪臀部或乳房、阴蒂,刺激十字部,增加母猪快感,并可抬高其臀部,以利于输精,也防止母猪逃跑现象发生。

总之,输精动作可概括为 8 个字,即"轻插、适深、慢注、缓出"。每个发情期应尽量输精 2 次,间隔 12~20 小时。

3. 人工输精应注意的问题

(1) 掌握好发情期,做到适时输精　技术人员、饲养员要互相配合,注意观察,及时发现发情母猪。要注意观察发情母猪的行为,做到适配,防止漏配,做好输精准备或及时补配。

(2) 掌握输精技术,做到准确输精　输入的精液必须准确达到要求的部位,防止精液外流。

(3) 确保冻精优质,掌握授精标准　精液冷冻、解冻前后要检查活力,只有符合标准方可用于输精。

(4) 严格执行操作规程　输精操作过程,要严格消毒,慎重操作,以防生殖道感染与损伤。精液的取用要符合规范,以保证精子的活力。

四、母猪配种后的妊娠检查

母猪配种后是否妊娠,以尽早确定为好。如已妊娠,则应给予相应的饲养管理条件,促进胚胎着床与发育;若没妊娠,应及时采取措施,促进发情,再行补配,防止空怀。

1. 妊娠期早期检查的方法

(1) 看发情　在一切正常的情况下,母猪配种后 20 多天不再出现发情,即认为已经基本配准;等到第二个发情期仍不发情,就可认为已妊娠。个别母猪妊娠后,有时会表现发情征候,这种发情称为假发情。

(2) 看行动　配种后表现安静、贪睡、吃得很香、食量逐渐增加,容易上膘,皮毛日益光亮并紧贴身躯,性情变得温顺,行动稳重,阴门收缩,阴门下联合向内上方弯曲,腹部逐步膨大,即已妊娠。

(3) 验尿液　早晨采母猪尿液 10 毫升,放入试管内。猪尿的比重在 1.1~1.025,如果尿液过浓,应加水稀释。一般母猪的尿呈碱性,应当加点醋酸,使其变成酸性,然后滴入碘酊,在酒精灯上慢慢加热。当尿液快烧开时,就出现颜色变化。如果母猪妊娠,尿液由上而下出现红色,由玫瑰红色变为杨梅红色,放在太阳光下看更明显;如果未妊娠,尿液呈浅黄色或褐绿色,尿液冷却后,颜色很快消失。

(4) 超声诊断　利用超声妊娠诊断仪诊断是否妊娠。目前,超声妊娠诊断仪有两种,一种是屏幕式的,价格较高,体积略大;一种是探头式的,价格较低,体积较小,携带方便（图3-25）。在母猪配种后18天左右，把超声妊娠诊断仪的探触器（探头）贴于猪肷部体表，根据机体在荧光屏上出现的光束和音响判断是否妊娠（图3-26）。

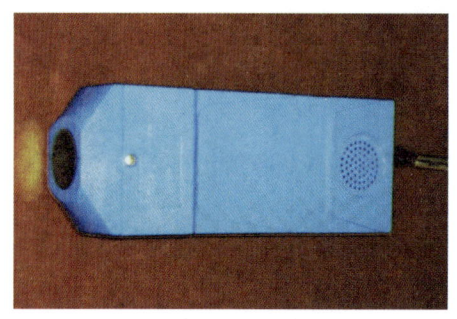 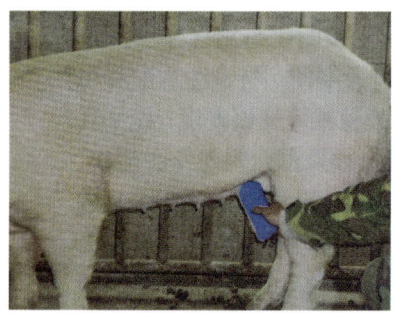

图3-25　探头式超声妊娠诊断仪　　　　图3-26　妊娠诊断

2. 防止母猪出现假发情的措施

母猪配种后已妊娠，在下一个情期又出现发情表现称为假发情。

要注意假发情与真发情的区别。假发情没有真发情那样明显，持续时间短，1~2天就过去了；母猪的尾巴自然下垂或夹着尾巴走，而不是举尾摇摆；假发情的母猪不再让公猪爬跨。

为了防止母猪出现假发情，要加强母猪妊娠后期的饲养管理，营养要充足，使母猪达到九成膘以上；加强母猪在泌乳初期的营养，使母猪在仔猪断奶后保持中等膘情；进行短期优饲，改善母猪配种前后和妊娠初期的营养状况，这是预防母猪假发情的根本措施。另外，预防和治疗母猪生殖道疾病，做好早春的防寒保温工作，多喂青绿多汁饲料，也是防止假发情的有效措施。

五、母猪预产期的推算

母猪配种后胎儿在母体子宫内的发育过程称为妊娠，从母猪配种受胎到分娩的间隔时间称为妊娠期。

母猪在妊娠期间，由于胎儿的生长发育，子宫及其他器官的发育，以及为了产后泌乳进行营养物质的贮备，体内的新陈代谢变得旺盛，食欲增加，消化力增强，毛光膘好，体重增加较快。母猪的妊娠期一般为111~117天，平均为114天。但其准确时间因品种、个体、饲养条件不同而有所差异。母猪在产仔多和营养比较好的情况下，产仔会提前；若产仔少或营养条件较差时，妊娠期可能延长。

推算母猪预产期的简便方法两种：一种是"三、三、三"推算法，即母猪的妊娠期为3个月3周零3天，在配种时期上加上3个月3周零3天即成。例如，一头母猪是5月10日配种的，那么，5月+3月=8月，10天+3×7天+3天=34天，以30

天作为1个月，则预产期是9月4日。

另一种是"进四去六"推算法，就是在配种的月份上加4、在日数上减去6。仍用上个例子推算，5月+4月=9月，10天-6天=4天，预产期也是9月4日，两种推算方法结果相同。

第三节　种猪的改良与提高

一、种猪的选种

1. 种猪的选种方法

目前，国内外主要采用的选种方法有个体选择、系谱选择、同胞选择和后裔测定等。

（1）个体选择　根据个体本身的外形和性状的表型值进行选择，称为个体选择。这是最朴素简单的选种形式。由于个体选择是对表型值的选择，所以选择效果的大小和有无与被选性状的遗传力关系极为密切，只有遗传力高的性状，个体选择才可取得良好效果，而对遗传力低的性状进行个体表型值选择，收效甚微。

猪繁殖性状的遗传力一般很低。实践证明，对这类性状，单凭个体表型值选择，没有太大效果。生长育肥性状、胴体品质和肉质性状都属中或高遗传力的性状，其表型值中有较大部分能遗传给后代，所以对这类性状进行个体选择是有效的。例如，通过连续多个世代的个体选择，可较快地提高猪的平均日增重，同时由于日增重与饲料转化率的相关性，会带动饲料转化率提高，降低饲料消耗。

（2）系谱选择　系谱是一个个体各代祖先的记录资料。系谱选择就是根据个体的双亲，以及有亲缘关系的祖先表型值进行的选择。总的来讲，个体亲本或祖先的表型与后代的表型之间的相关性并不太高，尤其是亲缘关系较远的祖先，其资料的可参考性就更小，因此系谱选择的效率不太高。但系谱选择在判断是否为有害基因携带者方面效果很好。在实际选种中，一般不单独使用系谱选择，而是与其他方法（如个体选择）结合使用。

1）系谱选择的方法。

①直接审查法。根据系谱资料和亲代成绩等直接比较选择，要同时注意性能值和亲缘关系两个方面的信息。

②血统分析法。这种方法首先进行系谱资料审查，同时整理有关系谱的生产性能等资料。再在此基础上编制血统图，并在图中标出各个个体的性能值（要求将绝对值和相对值都标出），最后比较研究各亲缘群的特性，从高产稳产的家系中选择。

血统分析法有以下的优点：可以了解各亲缘群之间的性能，从而确定其遗传稳定性；可以选出某一家系或家族的继承者；可以迅速查出高效的交配组合和适宜的近交程度。

2）系谱选择的注意事项。性状的稳定遗传，是一切选种的前提。因此，要考虑系谱记录在选择中的价值，应着眼于遗传力的高低，遗传力越高的性状，其记录的参考价值就越大。

距被选个体亲缘关系越近，其系谱记录的使用价值越高。而亲缘关系较远的祖先记录可能受隔代时间和环境不一致等影响，使用价值较低。

系谱选择有一定的年龄限制，一般都在个体生长发育的早期阶段使用，系谱资料能用的信息只限于母猪表现的产仔数、泌乳力、哺育力和断奶窝重，而这些性状的遗传力都很低。如果已达5~6月龄，个体本身一些主要性能和发育已能够得到测定数据，这时就要结合个体选择进行，以保证选择效果。如果要选择繁殖性状，则采用家系与家系内相结合的选择方法比较有效。

如果祖先的表型和基因型有充分的资料可供查考，则研究系谱对于发现隐性基因携带者有重要意义，尤其是对于淘汰有遗传缺陷个体和遗传病的携带者有效。实践中，可通过两个方面来判断是否为隐性基因携带者：第一，在近亲繁殖时，某种缺陷都出现于同一头公猪的系统；第二，缺陷不是由环境引起的。

（3）同胞选择　根据同胞或半同胞的表型值进行选择，称为同胞选择。实际上它相当于根据家系平均值选种的家系选择，只是计算过程中不包括测定种畜本身的性能。与后裔测定比较，同胞选择在时间上可以大大缩短，这样就可以缩小世代间隔，提高选种效率，所以同胞选择在猪的选种上日益受到重视。同胞选择适用于遗传力低的性状和一些限性性状，以及必须经屠宰才能获得测定值的性状。如果被选性状的遗传力大于0.5，则同胞测验就失去了价值。

同胞选择具有明显的优势，其选种效率要超过后裔测定。尤其是根据同胞和本身生产性能的选择体系，效果更佳，目前这种方法在许多国家得到广泛应用。其优点：可以较早地完成性能测定，具有经济和简单易行的特点；世代间隔可以缩短到最小；对大多数性状测定的准确性与后裔测定不相上下，也可作为性能测定结果的检验。

（4）后裔测定　后裔测定是根据个体后代的表型值，确定该个体是否选留作为种用。这一方法对低遗传力或中等遗传力性状选择的准确性较高，而且能获得限性性状或种猪不能直接度量的性状，如胴体瘦肉率就不能在种猪个体水平直接进行，需要通过后裔进行判断。

2. 种猪的选择要求

种猪的选择不是一次性的工作，是在猪的生长发育过程中通过多次选择淘汰而完成。在生长发育的不同阶段，选择各有侧重，运用的选种方法也有不同。一般来说，选种主要是根据个体本身的性能表现决定选留，但在不同的选种阶段，由于选种的重点不同，还要利用个体的系谱和同胞的性能进行选择，必要时，还要利用被选个体后代的性能表现，最终完成种猪的选择工作。总之，在不同的生长发育阶段，其选择的重点各有侧重，采用的选种方法各有差别。

（1）断奶仔猪阶段的选种　仔猪在断奶时，本身的表现不明显，也无生产性能的表现。因此，本阶段选种是根据亲代的种用价值，仔猪本身的生长发育、外貌和同窝仔猪的表现这3个方面进行选择。

根据亲代性能虽不及根据后备种猪本身选择的准确性高，但在断奶阶段仔猪本身尚未表现出生产性能，其亲代的生产性能好坏，可以在一定程度上反映仔猪遗传品质的优劣。所以，亲代的生产成绩是断奶阶段选择后备种猪的重要依据。具体的实施方法是对不同窝仔猪的系谱资料进行比较，从双亲性能优异的窝中选留后备种猪，甚至可以全窝（必须淘汰少数发育不良的个体）留种。

所谓同窝仔猪的表现，指同窝仔猪的整齐度。同窝仔猪在生长发育（主要是断奶重的均匀度）、毛色及其他外貌特征上一致性好的，其遗传品质一般较好，选留后备种猪可从这种窝次的仔猪中选留。

断奶时根据本身选择的主要依据是个体的生长发育和外貌。具体的要求：在同窝仔猪中，将断奶时体重大的留种。在体质外形上要求体格健壮发育良好，外形上无重大缺陷，乳头6~7对，排列整齐均匀（图3-27）。健康仔猪表现为食欲旺盛，动作灵活，采食时食欲良好，贪食，被毛光洁顺贴，皮肤柔软，没有卷毛、散毛；有皮垢、眼屎和异臭，则为不健康表现，此种个体不宜留种。在外形上，其头型、耳型、毛色及体躯

图3-27　选留发育好，品种特征明显，乳头6对以上的断奶仔猪

结构等要符合该品种的典型特征。外形结构要求额宽，鼻嘴宽大，眼睛明亮有神，体躯长，肢蹄健壮，尾根着生高，肥度适中；母猪外生殖器端正无缺陷。仔猪嘴鼻尖，头狭长，颈细或过分粗短，胸窄腹小，四肢纤细或肢势不正等；公猪有隐睾、单睾、疝及包皮积尿，母猪外生殖器位置不正，乳头少，有附乳头、瞎奶头、乳头分布不均匀等，均不宜留种。

（2）4月龄阶段的选种　本阶段选择的主要目的是淘汰发育不良的个体，以减轻饲养太多后备种猪的经济负担。选择的依据是个体的生长发育和外形状态。将从断奶至4月龄期间，体重或日增重达不到选育标准、体形结构不符合选育目标的个体淘汰，

这样可以减少后备种猪的饲养量。

（3）6月龄阶段的选种　6月龄是猪生长发育的转折点，本阶段生长发育状况与育肥性能的关系大，因而是选种的重要阶段。

本阶段种猪的选择，尤其是在瘦肉型猪的选育中，6月龄的增重速度或体重、背膘厚度和体长，是3个与产肉性能密切相关的性状指标，是选择的重点。同时，也需结合机能形态的要求，并参照同胞资料全面考虑。选留个体的体形特征必须符合品种特征要求，身体各部位发育良好，相互协调，结构匀称，骨骼发育良好，四肢结实有力，腿臀平整丰满，体质结实，健康无传染病，采食速度快，食量大，不挑食（图3-28）。

图3-28　选留生长发育良好、品种特征明显的后备猪

（4）配种时期的选种　后备种猪一般在8月龄配种，此时选择淘汰的对象主要是生长发育缓慢而达不到选育指标的个体，以及因有繁殖疾病而不能作种的个体。选留的个体配种，参与繁殖。

（5）初产母猪（14~16月龄）的选种　母猪初产后已有繁殖成绩，它是本阶段选择的重要依据。当母猪产第一窝仔猪并达到断奶年龄时，首先将其所产仔猪中有畸形、脐疝隐睾等遗传疾病及毛色、耳型等不符合育种要求的母猪淘汰，然后按照母猪初产的繁殖成绩选择。繁殖成绩主要判定依据是产仔数和断奶窝重两项性状。

二、种猪的选配

（1）选配的意义　实践中，选出的优秀公、母猪交配，所生的后代不一定都是优良的，同一头公猪与不同的母猪交配所生的后代也不相同。后代的优劣不仅与种猪本身的品质和遗传能力有关，而且也受公猪、母猪个体间配对是否合适的影响。为了获得优良的后代，在选种的基础上，还得进行选配。

选配是指在选种的基础上，进一步有计划地为母猪选择适宜的交配公猪。其目的是使优秀的个体获得更多更好的交配机会，促使有益基因结合，产生大量品质优良的后代，以巩固和加强选种的效果，不断提高猪群的品质。所以，选配是选种的继续，选种是选配的基础，二者互相促进，又互为补充。在家畜育种工作中，选种和选配是改良现有家畜品种、创造新种群的基本手段之一。

（2）选配的方法　按选配时考虑的对象和依据，可以分为个体选配和种群选配2类。最常用的是个体选配。个体选配是以个体为对象，以个体品质和亲缘关系为依据的选配。因此，个体选配又可分为品质选配和亲缘选配两种。

1) 品质选配。品质选配是按双方个体品质进行的选配。个体品质是指猪的体形外貌、生长发育、生产性能及产品的品质等特征、特性的表现，所以也叫表型选配。个体品质选配有两种形式：

①同质选配。同质选配即选择性状相同、性能表现一致的优秀公、母猪交配。例如，选择体躯长、生长快的公、母猪交配。同质选配的目的是使亲本共同的优良性状稳定地遗传给后代，使优良性状得到巩固和发展，即所谓的"好的配好的，产生好的"。所以，一般为了保持和巩固品种固有的优良性状，或杂交育种到一定的阶段出现了理想型，为巩固理想型时，主要采用同质选配。

应用同质选配应注意两个问题：一是交配双方品质同质，但应该是优秀的而不是中等以下的个体交配；二是交配的双方除要求其主要性状同质外，还应无其他共同的品质缺陷，以免加深这种缺陷。长期使用同质选配也可产生某些副作用，它使群内变异范围相对缩小，某些缺陷加深，猪的适应性、生活力下降。为了防止这些不良作用的出现，在同质选配的过程中，应加强选择，淘汰体质衰弱和有遗传缺陷的个体。

②异质选配。异质选配是选择性状不同的或同一性状而性能表现不一致的公、母猪交配。在第一种情况下，选择具有不同优良性状的公、母猪交配。例如，为产仔多的母猪选配生长快的公猪，其目的是将两个个体的优良性状结合在一起，取得兼有双亲不同优点的后代，从而使猪群在这两个性状上都得到提高。在第二种情况下，选择同一性状的性能表现优劣程度不同的公、母猪交配，其目的是使后代品质得到改进和提高。例如，为低产的母猪选配高产的公猪，或针对猪群中某一性状上的缺陷或不足，选择一头在这个性状上特别优良的公猪交配，以期改进畜群品质或纠正缺陷，即所谓"好的配不好的，后代改良了"。这是改进畜群品质时常用的选配方法。异质选配的主要作用在于综合公、母猪双方的优良性状，丰富后代的遗传基础，创造新的类型，并提高后代的适应性和生活力。当猪群处于停滞状态或在品种选育初期，为了通过性状的重组获得理想型个体，采用异质选配。在异质选配过程中，应该严格选择制度，加强种猪选择，才能实现异质选配的目的。

猪群中，一般在选配初期使用异质选配，其目的是通过异质选配将公、母猪不同的优点结合在一起，创造出新类型。当群内理想的新类型出现后，则转为同质选配，用以固定理想型，实现选育目标。还需要指出：第一，同质选配和异质选配是相对的，有时不能截然分开。如用一头乳头数多、腹大背凹的母猪与乳头数多而背腰平直的公猪交配，在这种交配组合下，就"乳头数"而言，是同质选配；就"背腰状态"而言，则是异质选配。第二，同质选配和异质选配的效果与选种，与对基因型判断的准确性有关，因为表型相同的个体基因型未必相同，如交配双方的基因型都是杂合体，即使相同基因型交配，后代也会有分离。第三，在采用异质选配时，不允许有相同的缺点或相反缺点的公、母猪交配，如凹背的配凹背的或凹背的配凸背的，而应当配以背腰平直、体质结实的个体，以纠正其缺陷。如果以鉴定等级为依据，则应为母猪选配等级高的公猪。同时，应当充分利用原有的育种记录，查明有效的交配组合继续使用，重复以往的选配，以增殖理想型个体的数量。

2）亲缘选配。亲缘选配是指按配对双方亲缘关系的有无和程度远近选配。有较近亲缘关系的公、母猪交配就称近亲交配，简称近交；反之称非亲缘交配。近交有害，这是众所周知的事实，因此无论是繁殖场还是生产性猪场，一般都应避免近交。但是近交又有其特定的用途，在育种工作中，有时为了达到某种目的，又往往需要这种选配方式。

在猪的选育过程中采用近交，可以纯化猪群的遗传结构，随着近交代数的增进，猪群的杂合基因型频率逐代减少，纯合基因型频率逐代增加，从而提高猪群的遗传纯度，提高其同质性，使猪群的遗传性状趋于稳定。在猪的品系建立过程中使用近交，可使品系特征迅速固定，加速品系建立。对于因品种混杂而造成退化的品种，实行近交还可以在纯化遗传结构的基础上使品种的性能得以恢复，从而复壮品种。此外，近交提高了有害基因因纯化而暴露的机会，因而可以有目的地安排近交，用以暴露猪群的有害基因，从而淘汰携带有害基因的种猪个体，降低猪群内有害基因频率，提高猪群的遗传品质。由于近交有以上几方面的作用，在猪的选育过程中，近交也是一种选配的基本方法。

必须说明的是，近交具有其不利的一面，即近交衰退。近交衰退是指近交后代繁殖性能下降，生活力、适应力下降，生长发育受到抑制，生产性能降低，猪群内遗传缺陷的个体数增加等一系列不良表现。为了充分发挥近交的有利作用，防止近交衰退现象的发生，在运用近交时，必须有明确的近交目的，反对无目的地近交，同时要灵活地运用各种近交形式，掌握好近交的程度，不要一开始就使用高度的近交。尤其是对未经系统选育、遗传品质和纯度均不高的猪群，更应慎重使用近交。在近交过程中应进行严格的选择与淘汰，一方面不让品质恶劣、生产性能不高的个体参加近交；另一方面对近交后代仔细观察，密切注意有害或不良性状的出现，全部淘汰这些个体，可以防止这些不良影响的积累，避免近交衰退的发生。近交产生的后代，其种用价值可能较高，遗传性比较稳定，但是它们的生活力较差，对饲养管理条件要求较高。因此，改善后代的饲养管理条件，就能够打破遗传和环境的双重不良影响，使近交后代充分发挥出它们的遗传潜力。此外，为了防止不良影响的积累，在进行几个世代的近交后，可以从外地（或外群）引入一些同品种、同类型、性状一致，但无亲缘关系的种公猪或种母猪，进行血缘更新。

三、种猪的繁育体系

为确保杂种优势利用工作顺利开展，同时又不对地方猪品种资源造成不良影响，必须建立相应的杂交繁育体系。

所谓繁育体系，就是为了协调整个地区猪经济杂交而建立的一整套合理的组织机构，包括原种场、繁殖场和商品场的建立，并确定它们之间的关系，相互协调，密切配合，发挥各自的生产力。原种场、繁殖场和商品场的任务如下：

（1）原种场 原种场主要是对经济杂交所用的父本和母本品种进行选育和提高，为繁殖场或商品场提供优良的杂交父本、母本。我国进行猪的经济杂交，一般多以本地猪和肉脂兼用型培育品种猪作为母本，以国外引入或国内培育的优良瘦肉型猪种作为父本。因此，对母本的选育重点应放在繁殖性能上，对父本的选育重点应放在生长速度、饲料转化率和胴体品质指标等方面。它们在杂交猪生产体系中处于金字塔的最高级，为后级生产种公猪及对种猪定期进行全面鉴定。原种场一般采用品系繁育，要着重培育新的更高产的品系。原种场为数不多，要求有坚强的领导、良好的经营管理和可靠的饲料来源，要求技术力量配备齐全，所以一般以国有牧场或县级以上的专业畜牧场作为原种场。原种场最好设置于良种繁育基地范围内。

（2）繁殖场 繁殖场的任务为大量繁殖种猪，以满足商品场和广大农村对种畜的需要。有条件时，繁殖场应分两级，一级繁殖场或称种猪场，进行纯繁，以提供纯种猪；二级繁殖场多采用同品种的品系间杂交，向商品场提供系间杂种。如果全区采用三元杂交，则二级繁殖场所养的纯母猪可与另一品种公猪杂交，以产生一代杂种母猪，供应商品场或广大农村作为三元杂交的母本。一般以国有牧场中的专业畜牧场及较好的区级畜牧场分别作为一级或二级繁殖场。每个繁殖场基本只养一个品种（系），一般避免近交，并经常进行血缘更新。母猪可以由场内自行更新一部分，但大多应从育种场或上一级繁殖场获得。公猪一般不利用本场繁殖的后代来更新，而应全部从育种场选调。

（3）商品场 商品场的任务为最经济地生产最大量的优质杂交猪。因此，商品场一般都采用杂交以充分利用杂种优势。场内不需要同时保持几个品种，可从繁殖场获得母猪，并利用配种站的另一品种公猪交配，以产生一代杂种。如果商品场的规模较大，则从育种场获得公猪。商品场或称生产场，一般有3种形式：第一种是自己不养种猪，只养杂交猪；第二种是专门生产利用仔猪；第三种则兼养上述两种，即自繁自养杂交猪。农户是最小单位的家庭猪场。

上述3种性质的猪场是相互联系的，形成整体的繁育体系。如上所述，它们的种猪是依次移动的，各级场的任务虽然不同，但目标是一致的，原种场和繁殖场都是为提高商品猪场的生产率而努力的。实际上商品场中杂交猪的性能，就是鉴定育种场和繁殖场种猪优劣的良好依据，也是评定其选育效果的标准。

开展三品种杂交应建立三级繁育体系，即原种场、繁殖场和商品场。两品种杂交建立二级杂交繁育体系，即原种场和商品场。双杂交应建立曾祖代场、祖代场、父母代场及商品场。需要注意的是经济杂交繁育体系的建立应根据本地区猪场的组织形式、生态环境、饲料条件

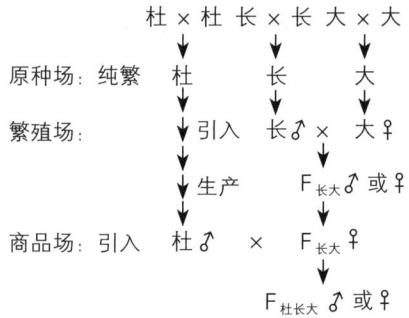

图 3-29 原种场、繁殖场、商品场之间的关系

和技术条件来定，同时必须做好统筹计划，科学管理。以推广杜长大杂交组合为例，原种场、繁殖场、商品场之间的关系，如图 3-29 所示。

其中，$F_{长大}$（公）和 $F_{杜长大}$（公）以及 $F_{杜长大}$（母）全部用来育肥，部分没有选为种用的 $F_{长大}$（母）也用来育肥。

四、杂种猪的利用措施

杂种优势利用的实施，从培育杂交亲本开始，做好包括配合力测定等的组织工作，为杂交种创造适宜的饲养管理条件等一系列配套措施。必须做好各个环节的工作，才能实现预期效果。

（1）杂交亲本的选优和提纯　杂种优势的显现受许多因素的限制，开展杂种优势利用是一项复杂而又细致的工作。它不单纯是杂交，更重要的是亲本的选育提高，优良杂交组合的筛选及一系列的组织工作。首先应从亲本的选优和提纯入手，这是杂交优势利用的主要环节。杂种从亲本获得优良、高产、显性和上位效应大的基因，才能产生明显的杂种优势。选优就是通过选择，使亲本群原有的优良、高产基因的频率尽可能增大。提纯就是通过选择和近交，使亲本群在主要性状上纯合子的基因型频率尽可能增加，个体间的差异尽可能减小。提纯的重要性不亚于选优。亲本纯度越高，才能使亲本基因频率之差加大，配合力测定的误差降低，得到更好的杂种优势效益，杂种群体才能变得更加整齐、规范。

重视亲本群选育，一定要在纯繁阶段把可以通过选择提高的性状尽量提高，否则，盲目进行杂交，不可能取得好的效果。

（2）配合力测定和最优杂交组合的筛选　杂种优势来自基因的非加性效应，不是每个杂交组合都能够产生杂种优势，其原因就在于它们之间的配合力不同。所谓配合力，就是种群间的杂交效果。配合力测定的目的是通过杂交试验，测定种群间的杂交

效果，找出最优的杂交组合用于推广，以求最大限度上提高肉猪的生产性能。

配合力分为一般配合力和特殊配合力。一般配合力是指一个种群与其他各种群杂交，所能获得的平均效果。例如，内江猪与我国许多地方品种猪杂交，都能获得较好的效果，这就是内江猪的一般配合力好。特殊配合力则是两个特定种群之间的杂交所能够超过一般配合力的杂种优势，在杂种优势利用中，追求的是特殊配合力，它通过对杂交组合的选择而获得。例如，用上海白猪与杜洛克猪、苏白猪、约克夏猪及长白猪等品种进行配合力测定，杜洛克猪和上海白猪、苏白猪和上海白猪、约克夏猪和上海白猪、长白猪和上海白猪4个组合的育肥性能都超过纯种上海白猪，但在这4个组合中，杜洛克猪和上海白猪的组合超过其他3个组合，表明上海白猪与杜洛克猪之间特殊配合力好，是一个值得应用推广的杂交组合。

（3）改善杂种的培育条件　通过配合力测定确定最优秀杂交组合，奠定了杂交优势产生的遗传基础，这是获得高杂种优势率和高生产效率的前提。但是，猪的生产性能的表现，是遗传基础和环境共同作用的结果，遗传潜力的发挥必须有相应的环境条件作为保证。所以，杂种所处的饲养管理条件的好坏，影响杂种优势表现的程度。在我国过去的养猪生产中，对改善杂种猪的饲养条件重视不够，尤其是农户养猪，采用传统的"清肠灌大肚"的饲养方法饲养杂种猪，致使杂种猪良好的生产潜力得不到充分发挥，生产性能不突出，生产效益一般。为了最大限度地提高杂种优势利用的效益和充分发挥杂种猪的增产作用，应改变传统的养猪方法，推广科学的养猪技术，尽量采用全价配合饲料，尽可能地为杂种提供较好的条件。

第四章
高产母猪的饲料利用与开发

第一节 猪的消化特点与饲料的营养功能

一、猪的消化生理特点

要养好猪，使猪多产仔，长得快，瘦肉多，饲料转化率高，从而取得最佳经济效益，只有在了解猪的消化生理的基础上做到科学饲养，才能达到目的。

（1）猪能利用的饲料种类较多　猪是杂食动物，能广泛利用各种动、植物性饲料和其他饲料，能从精饲料、青饲料和粗饲料中获得所需的各种营养物质。

（2）猪具有较发达的消化系统　猪唾液腺发达，唾液中含有一定量的淀粉酶，可消化饲料中的一部分淀粉，这是其他家畜所不及的。猪是单胃家畜，胃腺能分泌盐酸、胃蛋白酶等消化液，对饲料蛋白质初步消化，同时为胰蛋白酶消化蛋白质创造条件。猪的小肠发达，约为体长的15倍，能很好地消化、吸收饲料中的各种营养物质，满足猪生长发育的需要。因此，猪的饲料转化率较高。

（3）猪对粗纤维消化率低　猪对粗纤维的消化主要在盲肠和回肠进行，在细菌的作用下，发酵产生挥发性脂肪酸，但利用率很低。因此，猪饲料中要控制粗纤维的含量，以免降低其他营养物质的消化率。

（4）猪采食量大，对饲料质量要求较高　猪的消化道容积大，特别是胃的伸缩性大，能贮存大量食物，按单位体重计算，其采食量远远超过其他家畜，每天采食风干饲料量达3~5千克，且各种营养物质的含量要高，营养全面。

二、猪饲料中的营养成分及功能

饲料中含有猪所需要的各种营养物质，经常规化学分析得知，饲料中含有水、粗蛋白质、碳水化合物、粗脂肪、维生素和矿物质6类营养物质，它们在猪体内相互作用，才表现出其营养价值。猪生理活动需要的能量主要来自碳水化合物、脂肪和蛋白质。

1. 水

（1）水的营养作用　各种饲料中与猪体内均含有水。但因饲料的种类不同，其含水量差异很大,一般植物性饲料含水量在5%~95%,在同一种植物性饲料中,由于收割期不同,其含水量也不尽相同,随其成熟而逐渐减少。

饲料中含水量的多少与其营养价值、贮存密切相关。含水量高的饲料,单位重量中含干物质较少,其中养分含量也相对减少,故其营养价值也低,且容易腐败变质,不利于贮存与运输。适于贮存的饲料,要求含水量在14%以下。

猪体内水占55%~75%,猪乳汁中含有70%~80%的水,仔猪体内2/3是水。随着年龄增长,猪体内脂肪贮积量增加,含水量下降,体重达100千克时,含水量即降到50%。水分布于各种器官、组织和体液中,细胞内液约占体液的2/3,主要存在于肌肉和皮肤中,细胞外液约占体液的1/3,两者间不断进行交换,保持动态平衡。

水是猪生长、发育、繁殖和生理活动不可缺少的营养素,它具有多种营养功能。水对猪的采食,食糜输送,养分消化、吸收、转运和分解与合成以及排出废物发挥作用。水还起到溶剂作用,直接参与许多反应,如淀粉的水解反应、氧化还原反应和加水反应等。此外,水还参与体温调节。由于水的热传导性使猪体内代谢累积的热得以转运和蒸发散失。猪会利用水的冷却能力,通过蒸发散失潜热,这就是天热时猪喜欢待在水里的原因。此外,水又具有贮热能力,可避免体温突然变化。除此之外,水还有特殊作用,如水可以润滑关节;在耳蜗内水有传声作用,水还是猪的产品如猪肉、猪血的组成成分。

当猪缺水时,会严重影响猪的健康和生产性能。缺水初期,食欲明显减退,尤其不愿采食干饲料。随着失水增多,渴感加重,食欲废绝,消化机能迟缓,抗病力降低;脂肪、蛋白质分解加剧,饲料转化率低。猪在长途运输中易缺水,这种应激对猪极为不利。猪需要的水主要靠饮水(或吮乳)获得;其次,饲料中的水和营养物质在体内氧化时产生的代谢水,也是水的来源之一。

(2)猪的需水量 猪的饮水量受多种因素的影响,难以准确测定。当喂干饲料时,猪饮水增加,若喂湿饲料或流食,其饮水量减少。一般以仔猪和哺乳母猪需水量最多。对于吮乳仔猪,在出生1~2天内就要饮水,在第一周,仔猪的需水量为每天每千克体重190克(包括从母乳中获得的水)。对人工饲喂的仔猪,水料比为(2.8~4.3):1。未配种的后备母猪,发情期采食量和饮水量均降低;未妊娠的后备猪饮水量为每天11.5千克;妊娠的青年母猪饮水量随干物质采食量的增加而增加;妊娠母猪为每天20千克;经产空怀母猪为每天10~15千克;哺乳母猪为每天20~25千克。按猪体重计算,每昼夜需水量大体上是每10千克体重需水量为0.4~1.2千克。按饲料量计算,冬季饮水量是饲料量的2~3倍,春、秋季为4倍,夏季为5倍,生产中最好采用自由饮水。猪的饮水要求清洁卫生,地下水就是良好水源,被污染的河水不宜作为猪的水源。

(3)影响猪饮水量的因素 在生产中,有许多因素影响猪对水的需要量。如气温、饲料类型、饲养水平、水的品质、猪的大小、生理状况等，都是影响猪饮水量的重要因素。

一般随着气温的升高，饮水量相应也会增加。据研究，在7~22℃条件下，猪的饮水量没有大的差异；30℃以上，猪的饮水量大幅度增加。水的温度也影响猪饮水量，在生产中，夏季适于饮用凉水，冬季以饮用温水效果较好。当饮水温度低于体温时，猪就需要额外的能量来温暖水。

饲料类型明显影响猪的饮水量。如饲料中肉屑或豆饼饲料会增加猪的需水量；鱼粉等含盐高的饲料会增加猪的需水量；饲料中能量水平或纤维素水平也会影响需水量，采食高纤维素饲料时，因纤维素不易被消化利用而排出体外，造成排粪量增加，随粪排出的水也增加，相应造成需水量增加；饲料中能量水平高时，代谢用水增加，因此需水量增加。饲料中的蛋白质水平高但蛋白质生物学价值低时，机体需要大量尿液来清除尿素等代谢产物，使需水量增加。饲料中矿物质元素也影响水的需要量，当矿物质盐过多时，为了排出多余的矿物质需要较多的水加以稀释及溶解，以将其排出。

当猪腹泻时，由于粪便中的水大量损失，甚至导致脱水，也需要足够的水补偿这一损失。此外，为了提高采食速度，降低损耗，可将水拌入饲料饲喂。饲料中加水也可提高仔猪开食料的适口性。生产上喂驱虫剂、药物和口服疫苗时，也可用水作载体喂服。

猪的大小也影响需水量，仔猪体内水含量高，相对需水量大；随着猪躯体增大，体内含水量减少，需水量减少；瘦肉型猪比脂肪型猪需水量大。

水的品质也影响猪的饮水量。水中有些物质影响适口性和饮水量。如盐水，由于盐浓度太高，使猪的需水量增加。此外，水中含有300毫克／千克硫酸盐可导致猪排稀粪，且饮水量增加。

2. 粗蛋白质

（1）蛋白质的组成及营养作用　粗蛋白质是指饲料中含氮物质的总称，包括纯蛋白质和氨化物（非蛋白质含氮物，如尿素等）。氨化物在植物生长旺盛时期和发酵饲料中含量较多（占含氮量的30%~60%），成熟籽实含量很少（占含氮量的3%~10%）。氨化物主要包括未结合成蛋白质分子的个别氨基酸、植物体内由无机氮（硝酸盐和氨）合成蛋白质的中间产物和植物蛋白质经酶类和细菌分解后的产物。猪只能消化吸收纯蛋白质，而难以吸收氨化物来合成机体蛋白质。纯蛋白质由20多种氨基酸组成，这些氨基酸可分为两大类，一类是必需氨基酸，另一类是非必需氨基酸。必需氨基酸是指在猪体内不能合成或合成的速度很慢，不能满足猪的生长和生产需要，必须由饲料供给的氨基酸。猪的必需氨基酸有10种，即赖氨酸、蛋氨酸、色氨酸、精氨酸、组氨酸、亮氨酸、异亮氨酸、苯丙氨酸、苏氨酸和缬氨酸。非必需氨基酸是指在猪体内能够合成的氨基酸，如丝氨酸、丙氨酸、天冬氨酸、脯氨酸等。在猪的必需氨基酸中，赖氨酸、蛋氨酸、色氨酸在一般谷物中含量较少，它们的缺乏往往会影响其他氨基酸的利用率，因此这三种氨基酸又称为限制性氨基酸。由于氨基酸的种类、数量和组合排列方式不同，就构成了多种性质不同的蛋白质，其营养价值也就不尽相同。含有全部必需氨基酸且比例适当的蛋白质，其营养价值较高，如肉、蛋、奶等；只含有部分氨基酸的蛋白质，其营养价值较低，如玉米、马铃薯等。

猪体各种组织，如皮肤、肌肉、血液、鬃毛和蹄壳等，主要由蛋白质组成，骨骼中也含有较多蛋白质，猪体需要不断地利用蛋白质来修补、更替和增长这些组织；各种消化液、酶类、激素和乳汁的分泌，也需要蛋白质。因此，蛋白质是构成体组织、维持代谢、生长、繁殖和抵抗疾病所必需的营养物质。

当猪体所需热能不足时，蛋白质可像碳水化合物和脂肪一样用于产生热能，而碳水化合物和脂肪却不能代替蛋白质的功能。所以蛋白质是最重要的营养素，也是猪最易缺乏的营养素。

仔猪生长发育快，而且主要是增长肌肉、骨和皮毛，需要蛋白质比其他各类猪都多。仔猪日粮中蛋白质不足时，增重缓慢，发育不良，容易生病，也常出现异嗜症。妊娠母猪蛋白质不足时，会影响产后泌乳，降低仔猪初生重乃至以后的生长速度。泌乳母猪蛋白质不足会严重降低泌乳量，影响仔猪发育，如果喂给充足的蛋白质，能提高泌乳量20%~30%，促进仔猪发育，减少或消灭僵猪。种公猪缺乏蛋白质时，性欲低，精液品质差，会造成母猪空怀或产仔减少。猪采食过量的蛋白质时，经分解脱氨基后转化为脂肪沉积于猪体内，脱下的氨基在肝脏中形成尿素随尿排出，某些氨基酸不经脱氨也可能直接随尿排出，这对蛋白质的利用是不经济的。

（2）影响猪对粗蛋白质需要的因素　在饲养标准中，具体规定了各类猪在不同生长发育阶段对蛋白质的需要量，但在生产实践中，还需根据具体情况做适当调整。影响猪对蛋白质需要量的主要因素有以下几种：

①蛋白质品质。如果饲料中动、植物蛋白质比例适当，各种氨基酸比例平衡，则蛋白质利用率高，用量也少。

②蛋白能量比。饲料中蛋白质含量与能量比例适当，高蛋白质的饲料必须和高能量的饲料相配合使用。如果饲料中蛋白质含量较高，而能量不足，就会造成蛋白质的浪费。

③品种类型。猪的品种类型不同，对蛋白质需要量也有一定差异，一般瘦肉型猪饲料中蛋白质含量要高于肉脂兼用型猪，若降低饲料中蛋白质含量，其胴体瘦肉率就会降低。

④生理状况。幼龄生长猪需要蛋白质多，随着年龄增长，蛋白质需要量相应减少；泌乳母猪蛋白质营养消耗多，因而蛋白质需要量也较多。

⑤环境温度。环境温度超过一定限度（如酷暑季节），猪的采食量下降，这时应提高饲料中蛋白质含量，以弥补其不足。

⑥其他因素。如饲料中维生素、矿物质不足，则应提高蛋白质含量，以改善饲料利用率。

3. 碳水化合物

碳水化合物由C、H、O三种元素组成，其中H和O的比例为2∶1，正好与水的比例相同，故称为碳水化合物。

在植物性饲料中碳水化合物比例高，占干物质的70%~80%，主要包括无氮浸出物和粗纤维两大类。无氮浸出物包括淀粉和一些糖类。无氮浸出物的含量高低，直接关系到饲料性质和营养价值，如精饲料所含碳水化合物中无氮浸出物含量高，所以其消化率很高。而粗饲料中虽有一定量的碳水化合物，但粗纤维含量高，质地粗硬，猪对其利用能力很低，因而不能给猪喂过多的粗饲料。碳水化合物主要是供给猪体能量的，碳水化合物进入猪体后，经过一系列化学变化转变成能量，作为猪进行呼吸、循环、消化、吸收、分泌、细胞更新、神经传导、维持体温及运动等各种生命活动的能源。当猪从饲料中获取的碳水化合物有剩余时，可转化为体脂肪贮存起来（即猪体呈现肥胖），作为能量贮备在饥饿时利用。因此，碳水化合物对猪的上膘有重要作用。猪是蓄积体脂肪能力最强的家畜，每天都有一定量的碳水化合物在体内转化成脂肪。大量食用碳水化合物时，猪体内由碳水化合物转变为脂肪的量也增加。相反，当碳水化合物不足，提供的能量不能满足维持需要时，猪体就要把蓄积的脂肪分解，进而还要动用蛋白质来产生能量，以便维持生命活动。这时猪就要掉膘，表现消瘦，体重减轻，不能进行正常的生长和繁殖，严重时引起死亡。

由于碳水化合物有在猪体内转化为脂肪的特性，对瘦肉型猪来说，不宜单用过多的碳水化合物性饲料饲喂，特别在育肥后期，即在加快脂肪沉积的时期，要适当控制含碳水化合物的精饲料喂量，防止猪体过肥。

4. 粗脂肪

在饲料分析中，凡是能够用乙醚浸出的物质统称为粗脂肪，包括真脂和类脂（如固醇、磷脂等）。脂肪和碳水化合物一样，在猪体内分解后产生热量，用以维持体温和供给体内各器官运动时所需要的能量；脂肪是体细胞的组成成分，也是脂溶性维生素的携带者，脂溶性维生素A、维生素D、维生素E、维生素K必须以脂肪作溶剂在体内运输，若饲料中缺乏脂肪，则影响这一类维生素的吸收和利用。另外，脂肪酸中的亚油酸、亚麻酸及花生四烯酸对仔猪的生长发育起重要作用，称为必需脂肪酸，它们必须由饲料中的脂肪提供，缺乏时，将导致被毛脱落、皮炎等，严重时生长发育受阻甚至死亡。在一般情况下，猪的饲料多由谷实类和饼粕类组成，不用添加脂肪即可满足猪的需要。但试验证明，在生长育肥猪饲料中添加适量脂肪，可促进生长，改善饲料转化率。

5. 维生素

维生素是维持动物正常生理机能所必需的低分子有机化合物。它不能氧化供能，但它是某些酶的重要组成成分，参与酶的活动，对生理生化反应起控制作用。猪对维生素的需要虽然微量，常以国际单位或毫克计算，但作用很大。如果缺乏某一种维生素，将导致相应缺乏症的产生，新陈代谢紊乱，生长受阻，繁殖机能受影响。维生素在猪体内合成有限或不能合成，饲料中一定要保证供应。

猪所需要的维生素有多种，可分为脂溶性维生素和水溶性维生素两大类。脂溶性维生素主要包括维生素 A、D、E、K，它们只能溶解在脂肪中才能被吸收利用；水溶性维生素主要包括 B 族维生素和维生素 C，它们能溶于水。

（1）维生素 A　它的主要功能是促进仔猪的生长发育，保护消化道、呼吸道和生殖道黏膜的健康，增强对疾病的抵抗力和繁殖机能。仔猪缺乏维生素 A 生长发育缓慢，患夜盲症、干眼症、肺炎、腹泻和四肢麻痹；母猪缺乏维生素 A 发情异常，易引起流产、产死胎、产失明、兔唇等畸形仔猪。

维生素 A 只存在于动物性饲料中，以鱼肝油含维生素 A 最丰富，在植物性饲料中只含有维生素 A 原——胡萝卜素，以胡萝卜和青饲料中含量较多，谷物及其副产品中只有黄玉米中含有少量的胡萝卜素（玉米黄素）。胡萝卜素在猪体内可转化为维生素 A，为保证维生素 A 的供应，应在饲料中适当配合动物性饲料如鱼粉等，并且长年不断青饲料或补充维生素 A 添加剂。

（2）维生素 D　维生素 D 又称抗佝偻病维生素，其主要功能是促进肠道对钙、磷的吸收，以利于骨骼的发育。维生素 D 缺乏时，仔猪骨骼生长不良，易发生佝偻病；母猪会发生产死胎、弱仔，泌乳后期瘫痪等现象。牧草中含有麦角固醇，在阳光中紫外线的作用下，可转化为维生素 D_2，因此优质草粉是维生素 D 的良好来源。皮肤中的 7- 脱氢胆固醇在紫外线的作用下，可转化为维生素 D_3。如果阳光充足，猪每天在阳光下活动 45~60 分钟，就不会缺乏维生素 D。

（3）维生素 E　维生素 E 又称生育酚，是维持猪的正常繁殖机能所必需的，对保护心肌及其他肌肉的健康有良好作用。另外，维生素 E 还是一种抗氧化剂和代谢调节剂，对消化道和身体组织中的维生素 A 有保护作用。维生素 E 缺乏时，仔猪易发生白肌病，心肌萎缩；母猪易出现不孕、流产或产死胎，向母猪饲料中添加维生素 E 能减少胚胎死亡，增加产仔数。

维生素 E 与硒有协同作用，维生素 E 的需要量受硒的影响。维生素 E 的营养作用需要充足的硒才能很好地发挥。维生素 E 的需要量还与多种不饱和脂肪酸、维生素 A、维生素 C 有关。当猪摄食大量的不饱和脂肪酸和维生素 A、维生素 C 时，也需要加大维生素 E 的添加量。

一般青饲料、优质青干草和谷实类饲料的种胚中都含有丰富的维生素 E。在冬季，圈养猪的饲料种类往往比较单一，品质较差，要注意补给维生素 E。一般来说，在微量元素硒充足的条件下，每千克饲料补加 10~15 国际单位维生素 E 可防止猪的缺乏症和死亡，并维持正常生长性能。

（4）维生素 K　维生素 K 主要起凝血作用，可防止因猪体受伤引起的流血不止，还可防止由新陈代谢障碍而引起的贫血症。

维生素 K 广泛存在于各种植物性饲料中，特别是青绿饲料中，成年猪肠道内微生物也能合成维生素 K，因此猪一般不会缺乏。由于哺乳仔猪肠道内微生物很少，不能合成足够的维生素 K，要注意在饲料中补充。饲喂发霉变质的饲料或饲料中添加抗菌药物时，会抑制肠道微生物的繁殖，要注意防止维生素 K 的缺乏。

（5）维生素 B_1　维生素 B_1 又称硫胺素，其主要功能是参与碳水化合物的代谢，有助于胃肠道的消化，维持心脏和神经系统功能正常。缺乏维生素 B_1 时，猪所需求的能量供应不足，丙酮酸在血液中积累，造成神经系统、血液循环和消化系统机能障碍，常表现食欲不振，消化机能紊乱，母猪产畸形仔猪数增多。仔猪生活力受影响，严重时可导致死亡。

猪对维生素 B_1 的需要量受多方面因素的影响。首先，脂肪有节省维生素 B_1 的作用。当猪饲料中脂肪水平较高时，猪对维生素 B_1 的需要量减少。当外界温度升高时，猪对维生素 B_1 的需要量上升，这可能是猪的采食量下降的原因。此外，维生素 B_1 的需要量还受猪的生理状况、疾病和营养的影响。

维生素 B_1 在米糠、麸皮等谷实类加工副产品中广泛存在，豆类饲料、青饲料中含量较丰富，同时猪体内能大量贮存，因此猪一般不会缺乏维生素 B_1。

（6）维生素 B_2　维生素 B_2 又称核黄素，它参与蛋白质、脂肪和碳水化合物的代谢，若饲料中含量适当，可提高饲料转化率。维生素 B_2 缺乏时，仔猪食欲不振，生长缓慢，皮炎，腹泻；母猪常产死胎、弱仔，也有时产无毛仔猪。以玉米、高粱、豆饼为基础的日粮维生素 B_2 含量不足，需要补充。各种青饲料、优质草粉、酒糟、豆饼、酵母等含维生素 B_2 较多。饲料发酵可提高维生素 B_2 的含量。

（7）烟酸　烟酸又称维生素 B_3、尼克酸、维生素 PP，参与体内碳水化合物的代谢，能促进仔猪的生长。成年猪可将饲料中多余的色氨酸转化为烟酸，一般不会缺乏。

生长发育猪可出现烟酸缺乏症，表现为食欲减退，生长迟缓，被毛粗糙，皮肤干燥、发炎、结痂，俗称"癞皮病"。

在猪饲料中，糠麸、干草、蛋白质饲料中含有丰富的烟酸。以玉米为饲料主要成分时应考虑添加其他禾本科籽实及乳产品加工副产品。

（8）泛酸 泛酸又称维生素 B_5，参与蛋白质、脂肪和碳水化合物的代谢，提供猪生命活动所需的能量。生长猪缺乏泛酸时导致食欲下降、生长缓慢，眼泪多、眼圈有深褐色渗出液，鼻液多、咳嗽，腹泻，溃疡性结肠炎，贫血，被毛粗糙，脱毛，免疫反应降低，后肢运步异常、走鹅步，失去吮乳反射和舌的控制。当母猪缺乏泛酸时采食量、饮水量下降，腹泻，走鹅步，配种后出现"假妊娠现象"或者不妊娠，或妊娠不产仔，也有胃炎、小肠黏膜炎等症状。

由于泛酸广泛存在于各种植物性饲料中，在生喂的情况下，一般不会缺乏。

（9）维生素 B_6 维生素 B_6 又称吡哆素，以吡哆醇、吡哆胺、磷酸吡哆醛的形式存在于饲料和动物体内，而且它们之间可以相互转化，常见的维生素 B_6 商业制剂是吡哆醇盐酸盐。维生素 B_6 的作用主要是作为氨基移换酶及脱羧酶的组成成分，参与体内含硫氨基酸和色氨酸的代谢。此外还参与碳水化合物、脂肪和无机盐的代谢。当猪缺乏维生素 B_6 时，最常见的症状是神经系统的病变，从而引起肌肉运动失调，步态痉挛，类似癫痫发作。还会发生以耳朵、脚、尾等末梢部位出现癞皮病为特征的"肢端病"，以及皮下水肿、脱毛、后肢麻痹。猪的食欲不佳，生长不良，被毛粗糙，眼周围有褐色分泌物及眼泪，视力减退，直至失明，缺乏维生素 B_6 的青年母猪所产仔猪在3周龄时发生类癫痫性发作。

维生素 B_6 主要存在于酵母、糠麸及植物性蛋白质饲料中，动物性饲料及根茎类饲料中相对匮乏，籽实饲料中每千克约含3毫克。猪对维生素 B_6 的需要量受多种因素的影响，如猪在应激状态下需要较多的维生素 B_6；当饲料中脂肪含量较高时，仔猪对维生素 B_6 的需要量减少。

（10）生物素 生物素又称维生素 B_7 或维生素 H，是一种辅酶，参与脂肪和蛋白质的代谢，有助于不饱和脂肪酸的合成，促进胚胎发育和仔猪生长。当猪缺乏生物素时，会出现脱毛症，皮肤溃烂，皮炎，眼周围有渗出液，嘴黏膜炎症，蹄横裂，脚垫裂缝并出血。但在一般情况下，饲料中的生物素能满足猪的需要。但当仔猪饲料中加入大量的生鸡蛋清时，由于生鸡蛋含有抗生物素蛋白，能在肠道里与生物素结合使生物素失活，从而加重猪的生物素缺乏症。当给猪喂磺胺类药物时，由于药物使肠道中微生物的生物素合成受阻，引发生物素缺乏症。

生物素在玉米、油饼和绿色植物中含量丰富；苜蓿粉、酵母、肝粉和乳中生物素也很丰富；猪的粪便中也含有生物素。因此，单圈饲养或饲养在漏缝地板的猪，以及不喂青饲料的猪应添加生物素；喂磺胺类药和饲喂生鸡蛋的猪也要添加。

（11）叶酸　叶酸又称维生素 B_{11}，参与核酸合成，促进红细胞和白细胞的成熟。猪缺少叶酸时产生贫血，繁殖和泌乳紊乱，体质瘦弱，食欲减退，生长缓慢。叶酸缺乏后，免疫球蛋白合成受阻，增加了猪对感染的敏感性。饲料中添加 1%~2% 磺胺类药物，会减少肠道微生物的叶酸合成，从而引起叶酸缺乏。猪肠道内能合成相当数量的可利用叶酸，因而一般不会缺乏，不需要特别添加，但当饲料中存在叶酸的拮抗物或磺胺类药物时，应增加叶酸的喂量。

叶酸广泛分布于各种饲料中，以苜蓿粉、酵母、花生和豆饼（粕）最为丰富。

（12）维生素 B_{12}　维生素 B_{12} 具有许多重要生理功能，它以辅酶形式参与动物体内的多种代谢过程，是猪正常生长和繁殖所必需的。缺少维生素 B_{12} 时，仔猪表现食欲不振，生长缓慢，贫血，皮炎，运动失调；母猪虽不显示任何临床症状，但产仔少，活力差，育成率低。

植物性饲料基本不含有维生素 B_{12}，补充来源有鱼粉、酵母、乳产品等。猪放牧时接触腐质土和淤泥，也能得到维生素 B_{12} 的补充。

（13）胆碱　胆碱是卵磷脂、乙酰胆碱的组成成分，参与蛋白质、脂肪的代谢和神经冲动的传导。猪缺少胆碱时，首先表现为生长缓慢，被毛粗糙，腿短，肚子大，行为不协调，肩关节等硬度丧失；母猪缺乏胆碱影响繁殖性能，泌乳量下降，仔猪成活率低，断奶时体重小；有的仔猪出现脂肪肝，后腿劈叉，出现坐姿。

猪对胆碱的需要量受许多因素影响。胆碱可被蛋氨酸完全替代。当蛋氨酸过剩就会补充胆碱的不足，如果饲料中胆碱水平不够，蛋氨酸就用以胆碱的合成。此外，它还受维生素 B_{12}、叶酸、营养水平的影响。对于母猪，饲料中加入胆碱，可提高受胎率、分娩率、窝产仔数、产活仔数及断奶仔猪数，并可提高生长猪的增重和饲料转化率。富含胆碱的饲料有肝粉、蛋黄、鱼粉、酵母、酒糟，以及绿色植物和谷实类。

胆碱广泛存在于各种饲料中，特别是青绿饲料和饼粕类饲料中含量丰富，蛋氨酸可用于猪体内合成胆碱，所以一般不会缺乏。给育成猪饲喂高能低蛋白饲料时，需适量补充胆碱。

（14）维生素C　维生素C又称抗坏血酸，其作用是促进肠道内铁的吸收，增强猪的免疫力，缓解猪的应激反应。当猪缺乏维生素C时，一般表现为贫血，坏血病，齿龈肿胀、出血、溃疡，生产力下降。猪体内能合成维生素C，一般不会缺乏，但在高温应激状态下，应补充维生素C。实验证明，在饲料中加入维生素C可提高仔猪增重。但目前还没有提出猪对维生素C的需要量。维生素C主要存在于水果和青绿植物中。

6. 矿物质

矿物质是构成动物骨骼、皮毛、肌肉、血液等组织不可缺少的成分，对动物的生长发育、生理功能及繁殖系统具有重要作用。目前自然界存在的百余种元素中有 26 种被认为是动物所必需的。其中有 11 种是常量元素（占体内元素的 0.01% 以上），即碳、氢、氧、氮、硫、钙、磷、钾、钠、氯和镁；有 15 种是微量元素（占体内元素 0.01% 以下），即铁、锌、铜、碘、锰、镍、钴、钼、硒、铬、氟、锡、硅、钒和砷。在必需的矿物质中，猪有 10 种容易缺乏，它们是钙、磷、钠、氯、铁、锌、铜、碘、硒和钴。饲料中如果有充足的维生素 B_{12}，则钴元素不必需，其余几种元素可以从饲料中获得满足。随着工厂化封闭式饲养方式的出现，满足猪对矿物质的需要更显突出。但营养上必需的微量元素如果摄入过量，也可发生中毒。当某些必需矿物质不足时，常产生的临床症状有食欲不振、生活力下降、发育停滞、饲料转化率下降、软骨症、骨质疏松、肋骨上有串珠、关节变形、后躯麻痹、甲状腺肿大、萎靡不振、初生仔猪无毛等现象。

（1）钙、磷　钙、磷这几种是猪体内含量最多的矿物质元素，约占体内矿物质总量的 70%。它们主要以结合态形式存在于骨骼和牙齿中，少量在软组织和体液中。生长猪缺乏钙、磷时，骨骼发育不良，生长缓慢；肉猪育肥后期严重缺钙时，常因骨盆或股骨折损而瘫痪；妊娠母猪缺乏钙、磷，会产下畸形或低生活力仔猪；泌乳母猪钙、磷不足时，泌乳量降低，严重者常于泌乳后期患骨质疏松症而瘫痪。

猪对钙、磷的需要量和饲养标准都已测定和制定出来，其需要量见表 4-1。这些钙、磷水平是为断奶仔猪和生长育肥猪获得最佳生长速度和饲料转化率而制定的。

表 4-1　各类猪对钙、磷的需要量（每千克饲粮需要量）

类别	生长猪					妊娠母猪	哺乳母猪
体重/千克	5~10	10~20	20~35	35~60	60~100	110~250	140~250
钙（%）	0.80	0.65	0.65	0.50	0.50	0.75	0.75
磷（%）	0.60	0.50	0.50	0.40	0.40	0.50	0.50

猪对饲料中钙、磷的吸收必须具备两个基本条件：第一，钙、磷之间的比例适当，一般以 1:（1~1.5）为宜；第二，有充足的维生素 D 存在，因为维生素 D 能促进钙、磷的吸收。此外，饲料中应避免含有过多的脂肪、蛋白质、草酸和硅酸盐，这些物质过多会妨碍钙、磷吸收。

通常豆科植物性饲料钙含量较高，谷实类饲料和糠麸中钙含量低。糠麸中磷含量较高，但其中 55%~75% 是植酸磷，不能被猪有效利用，实际利用率只有 1/3~1/2。因此，以饼粕类和糠麸类为主的饲料，一般都不能满足猪对钙、磷的需要，需要补充贝壳粉、骨粉、石粉等。但须注意，钙、磷的补充不能过量，饲料中钙含量过高，会影响其他营养成分的吸收，特别是妨碍锌的吸收，而导致猪皮肤出现角化不全症。

在生产中，一般以精饲料为主的猪饲料中，最好补加一些既含磷又含钙的骨粉或磷酸氢钙，补饲量可按配合饲料量的 2% 搭配。

（2）钠、氯　这两种元素在猪体内是不能缺少的，它们主要存在于细胞外液中，对维持渗透压的恒定、体细胞的兴奋性和神经冲动的传递起非常重要的作用；氯是胃液中盐酸的组成成分，有助于蛋白质的初步消化。饲料中的钠、氯元素主要由食盐提供，食盐还能提高猪的食欲，刺激唾液腺的分泌。如果饲料中钠、氯供应不足，则猪皮毛粗糙，生长缓慢，出现异嗜症、舔食污水、尿液等，易感染疾病。在猪饲料中钠、氯的含量有限，一定要在饲料中添加食盐才能满足猪的需要。

食盐的用量，以占风干饲料比例计算，一般占 0.3%~0.5% 为宜。若食盐供给量过多，易造成猪食盐中毒。

（3）铁、铜、钴　它们都参与体内的造血过程。铁是血红蛋白的重要组成成分，铜、钴能刺激造血，缺乏铁、铜、钴都会导致营养性贫血。

（4）硒、锌、锰、碘　硒是一种有毒物质，但它是猪不可缺少而易缺乏的微量元素。饲料中缺硒，会影响猪的繁殖机能，生长猪肝坏死，仔猪患白肌病。在我国东北和西北部分缺硒地区，要注意在饲料中添加硒。

锌参与碳水化合物代谢，与猪的繁殖机能密切相关，能影响精子的形成。哺乳仔猪对缺锌较为敏感，可产生皮肤角化不全症、腹泻、营养不良、生长缓慢等现象。

锰参与猪的繁殖机能和维持骨骼正常发育。缺锰时，仔猪骨质疏松，可导致变形；母猪发情异常，受胎率低；妊娠母猪流产多、弱胎、死胎数增多。成年猪对缺锰具有一定的耐受性，且植物性饲料中含量能满足猪的需要，一般不至于缺乏。

碘是甲状腺素的重要成分，参与所有物质的代谢，对猪的生长、繁殖具有重要的调节作用。成年猪对碘有耐受性，不易表现缺乏，缺碘主要影响胎儿的发育和仔猪的生长，造成妊娠母猪流产，死胎和弱胎数量增加，仔猪生长缓慢，饲料转化率低。缺碘是地区性的，在内地和高海拔地区易出现，可采用碘盐补足猪的需要。

7. 能量

饲料中的有机物——碳水化合物、脂肪和蛋白质都含有能量。营养学中所采用的能量单位是热化学上的"卡"（1毫升水从 14.5℃ 升高到 15.5℃ 所需要的热量称为1卡），在生产中为了方便起见，常用"千卡（大卡）"，或"兆卡"来表示，目前已改用"千焦""兆焦"作为能量单位。具体换算方法如下：

$$1 千卡（大卡）=1000 卡$$

$$1 兆卡 =1000 千卡$$

$$1 千卡 =4.184 千焦$$

1 兆焦 =1000 千焦

猪的一切生理活动，如呼吸、循环、吸收、排泄、繁殖和体温调节等都需要能量，而能量来源主要是饲料中的碳水化合物、脂肪和蛋白质等营养物质。其中脂肪的能值为 39.30 兆焦 / 千克，蛋白质为 23.62 兆焦 / 千克，碳水化合物为 17.35 兆焦 / 千克。饲料中各种营养物质的热能总值称为饲料总能，饲料中的营养物质在猪的消化道内不能全部被消化吸收，不能消化的物质随粪便排出，如粗纤维、少量蛋白质等，因而粪便中也含有能量，摄入饲料的总能量减去粪便中的能量（粪能），才是被猪消化吸收的能量，这种能量称为消化能。食物在肠道消化时还会产生以甲烷为主的气体，被吸收的养分有些也不能被利用而随尿以各种形式排出体外，这些气体和随尿排出的能量未被猪体利用，饲料消化能减去气体能和尿能，剩余的部分便是代谢能。代谢能去掉体增热消耗，最后剩余的部分是净能，它主要用于基础代谢和生产畜产品。在猪饲养标准中，能量需要多以消化能表示，当然有时也用代谢能的。能量在猪体内转化过程见图 4-1。

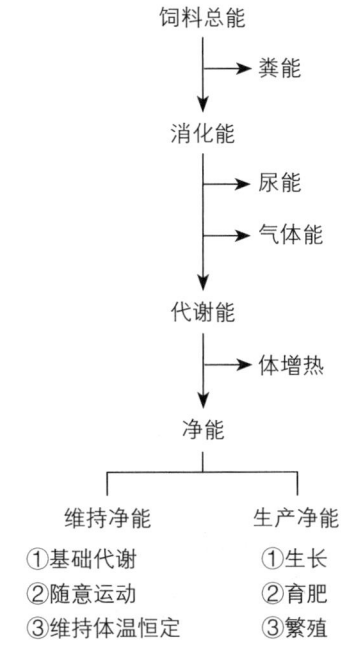

其中：消化能 = 总能 - 粪能
代谢能 = 总能 - 粪能 - 尿能 - 气体能
净能 = 代谢能 - 体增热

图 4-1　能量在猪体内转化过程

第二节　高产母猪的常用饲料及特点

一、能量饲料

饲料中的有机物都含有能量，而这里的能量饲料是指那些富含碳水化合物和脂肪的饲料，在干物质中粗纤维含量在 18% 以下，粗蛋白质含量在 20% 以下，包括谷实类、块根块茎类、糠麸类、糟渣类及油脂类等。这类饲料的消化率高，含能量丰富，但蛋白质含量少，特别是缺乏赖氨酸和蛋氨酸。因此，这类饲料必须与蛋白质饲料等配合使用。

（1）玉米　玉米（图4-2）含能量高、粗纤维少，适口性好，黄玉米中还含有较多的胡萝卜素（玉米黄素），而且价值便宜，素有"饲料之王"的美誉。但其粗蛋白质含量低，品质差，还含有较多的脂肪，如果大量用作育肥猪饲料，会使脂肪变软，影响肉的品质。因此，在商品猪饲料中玉米的含量最好不要超过50%~60%。

（2）大麦　大麦（图4-3）是猪很好的能量饲料，它的消化能略低于玉米，粗纤维含量比玉米略高，但蛋白质含量较高，而且脂肪含量低，质地好，是饲喂育肥猪的良好饲料，特别是饲喂瘦肉型猪，可提高猪肉的品质。但大麦皮厚且硬，含粗纤维较多，故在饲料中最好不要超过30%，幼龄仔猪不宜超过10%。

（3）高粱　高粱（图4-4）营养价值略低于玉米、大麦，籽实中含有单宁，适口性较差，易发生便秘，不宜用作妊娠母猪饲料。高粱糖化后喂猪可提高适口性和转化率。在高粱产区，可在猪饲料中代替1/3~1/2的玉米。

图4-2　玉米

图4-3　大麦

图4-4　高粱

（4）稻谷　稻谷在我国南方水稻（图4-5）产区常用作猪饲料。带壳粉碎的稻谷粗纤维含量较高，影响了饲用价值。如果加工成砻糠和糙米，糙米营养价值与玉米相当，且脂肪品质良好。

（5）麸皮　麸皮（图4-6）是大麦和小麦加工的副产品，常用的有小麦麸和大麦麸，营养价值与加工精度有关，一般粗蛋白质含量为14%左右，适口性好。麸皮具有轻泻作用，用于妊娠母猪饲料，可防止便秘。

图4-5　稻谷

图4-6　麸皮

（6）米糠　南方水稻产区重要的精饲料之一，米的加工精度越高，米糠营养价值越高。新鲜米糠适口性好，粗蛋白质含量为12%左右，脂肪含量高，不耐贮存，在猪饲料中不宜超过25%。

（7）高粱糠　粗蛋白质含量为10%左右，粗纤维含量高（7%~24%），并含有大量单宁，适口性差，吃多了容易便秘，饲用价值大体为玉米的50%。在种猪饲料中可占25%~50%，但必须补充蛋白质饲料和青饲料。在仔猪饲料中加入5%、肉猪饲料中加入10%高粱糠，能防止或减轻腹泻。

（8）甘薯（山芋）　甘薯（图4-7）是我国广泛栽培产量最高的薯类作物，尤适喂猪，生喂、熟喂消化率均较高，饲用价值接近玉米。

（9）马铃薯（土豆）　马铃薯（图4-8）含有相当多的淀粉，干物质中含能量超过玉米。马铃薯中含有茄碱，特别是发芽的马铃薯中含量很高，能使猪中毒，一定要用新鲜的马铃薯饲喂。将马铃薯煮熟饲喂，可大大提高其消化率。

（10）糟渣类　主要有酒糟（图4-9）、醋糟、酱油糟、豆腐渣、粉渣等，营养价值的高低与原料有关。原料经加工后，能量中等，但干物质中的蛋白质含量丰富。由于这类饲料都含有某种影响猪生长发育的物质，在饲料中应控制饲喂量。如果酒糟中含有较多的酒精，饲喂量过多使猪醉酒，甚至会造成酒精中毒；醋糟中含有醋，酱油糟中食盐含量达7%，豆渣、粉渣中含有大豆等原来有的不良因子，使用时都要加以注意。饲用量一般只能占饲料干物质的10%~20%。

图4-7　甘薯　　　　　图4-8　马铃薯　　　　　图4-9　酒糟

二、蛋白质饲料

蛋白质饲料是指饲料中粗蛋白质含量在20%以上的一类饲料。该类饲料的特点是粗蛋白质含量丰富，当与其他饲料配合使用时，能用多余部分的蛋白质去弥补其他饲料中蛋白质的不足，提高饲料转化率。猪常用的蛋白质饲料主要有两大类，即植物性蛋白质饲料和动物性蛋白质饲料。

（1）植物性蛋白质饲料　植物性蛋白质饲料是提供猪蛋白质营养最多的饲料，主要有豆料籽实和饼粕类。

1）大豆。大豆（图4-10）是营养价值很高的蛋白质饲料，粗蛋白质含量可达

37%，由于含有较多的脂肪，故消化能含量高，但以大豆喂育肥猪常会影响猪体脂肪品质，软脂含量高。另外，大豆中含有抗胰蛋白酶等不良因子，影响胰蛋白酶消化饲料蛋白质的能力，一定要将其煮熟或炒熟后饲喂。

2）蚕豆、豌豆。蚕豆粗蛋白质含量为24.9%，豌豆粗蛋白质含量为22.6%，它们的最大特点是脂肪品质好，特别适于喂育肥猪，可提高猪的胴体品质。

图4-10 大豆

3）豆饼（粕）。豆饼（粕）（图4-11）是目前使用最广泛、饲用价值最高的植物性蛋白质饲料，蛋白质含量高，一般压榨法的可达40%~43%，浸提法的可达45%以上，且能量饲料中普遍缺乏的赖氨酸含量高，常在2.38%左右。钙、磷含量不高，胡萝卜素和维生素D含量低，烟酸含量较高，维生素B_1含量与谷实类饲料相近，蛋氨酸含量较低。

4）棉籽饼（粕）。棉籽饼（粕）（图4-12）粗蛋白质含量为35%~42%，B族维生素和维生素E含量较丰富。其突出缺点是蛋白质中赖氨酸含量少，仅相当于豆饼（粕）的60%。由于棉籽饼（粕）中游离棉籽酚的存在，喂猪后易发生积累性中毒，加之其纤维含量高，因而在猪饲料中要限制使用。不去毒时，饲料中含量以不超过5%为宜。

5）菜籽饼（粕）。菜籽饼（粕）（图4-13）粗蛋白质含量为35%~40%，蛋白质中氨基酸种类比较完全，可代替部分豆饼喂猪。由于含有毒物质（芥子苷），饲喂前宜采取脱毒措施，未经脱毒处理的菜籽饼要严格控制饲喂量，在饲料中一般不超过5%~7%，妊娠后期母猪和泌乳母猪不宜使用。

 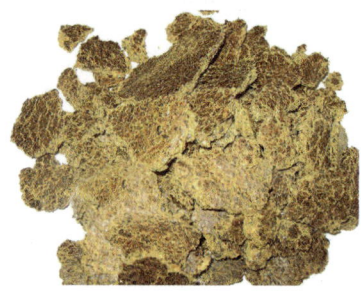 

图4-11 豆饼　　图4-12 棉籽饼　　图4-13 菜籽粕

6）花生饼（粕）。花生饼（粕）（图4-14）粗蛋白质含量为40%左右，适口性好，有甜香味，是猪优良的蛋白质饲料。但花生饼（粕）脂肪含量高，不耐贮存，易产生黄曲霉毒素，限制了其在猪饲料中的使用量。发霉变质的花生饼（粕）绝不能作为猪饲料。

7）葵花籽饼（粕）。可分为脱壳葵花籽饼（粕）和带壳葵花籽饼（粕）两种。脱壳葵花籽饼（粕）的蛋白质含量高于带壳的，约含36%，而带壳的是25%左右，其中蛋氨酸含量较高。缺点是赖氨酸含量低，而且带壳葵花籽饼（粕）的粗纤维在20%以上，饲用价值较低，仅能少量使用。

图4-14　花生饼

8）胡麻籽饼（粕）。粗蛋白质含量为35%左右，但赖氨酸含量低，宜与豆饼一起饲用。

饼粕类蛋白质饲料还包括芝麻饼（粕）、蓖麻籽饼（粕）等，都可给猪提供蛋白质营养。

（2）动物性蛋白质饲料　动物性蛋白质饲料主要有鱼粉、肉粉、肉骨粉、血粉、蚕蛹、羽毛粉、酵母和乳类等，其共同特点是蛋白质含量高，品质好，不含粗纤维，维生素、矿物质含量丰富，是猪的优良蛋白质饲料。在仔猪饲料中添加一定量的鱼粉可促进生长发育。

1）鱼粉。鱼粉（图4-15）是最佳的蛋白质饲料，其蛋白质含量高达62%~65%，必需氨基酸含量高，且配比合理，维生素含量丰富，矿物质含量也较全面，钙、磷比例适当。在猪饲料中使用鱼粉，可明显提高其生产性能，猪的日增重可提高15%~25%。但是鱼粉价格昂贵，而且目前市场上的假秘鲁鱼粉多，所以许多猪场多用豆饼（粕）代替饲料中的秘鲁鱼粉。

2）肉粉和肉骨粉。肉粉和肉骨粉（图4-16）是经卫生检验不适合人类食用的肉品或肉品加工副产品，经高温高压或煮沸处理，并经脱脂、脱水干燥制成的粉状物。通常含骨量小于10%的称为肉粉，高于10%的称为肉骨粉。

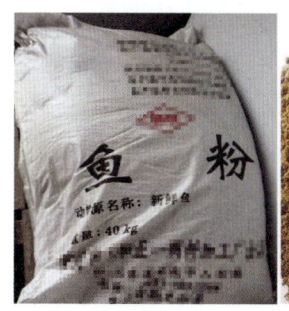 

图4-15　鱼粉

图4-16　肉骨粉

肉粉粗蛋白质含量为50%~60%，肉骨粉则因其肉骨比例不同而蛋白质含量也有差异，一般在40%~50%。它们最好与植物性蛋白质饲料搭配使用，饲喂量占饲料的3%~10%。

3）血粉。血粉是屠宰家畜时所得的血液，经喷雾干燥制成的粉末，粗蛋白质含量为82.8%，是高蛋白质饲料，含有多种必需氨基酸。血粉适口性差，且蛋白质消化率低，猪饲料中用量一般以不超过5%为宜。

4）蚕蛹和蚕蛹粉。蚕蛹是缫丝工业副产品，富含脂肪，不易贮存，且影响肉脂品质。因此，宜提取脂肪后制成蚕蛹粉再作为饲料，耐贮存，又能提高利用效果，其蛋白质含量近80%，富含各种氨基酸，与饼粕类配合使用可提高增重。

5）羽毛粉。羽毛粉水解后粗蛋白质含量达77.9%，比鱼粉还要高，是良好的蛋白质饲料。羽毛粉含角蛋白多，必须经过水解才能喂猪，但水解的成本高，可以少量使用。

6）酵母。酵母是介于动物性与植物性之间的一种蛋白质饲料。它的蛋白质含量也介于二者之间，为52.4%。酵母有苦味，适口性较差，宜控制饲喂量，以免猪厌食，影响生长和增重。饲料中酵母用量在2%~3%，不超过5%为宜。

除此之外，还有一些蛋白质含量较高的豆科牧草、单细胞蛋白质饲料，也是猪较好的蛋白质补充饲料，特别是豆科牧草，既能提供蛋白质，又能起到青饲料的作用，对母猪成长尤为重要。

（3）提高饲料中的蛋白质利用率的有效方法　为了提高饲料中蛋白质的利用率，应注意饲料的组成。粗纤维含量会影响猪对蛋白质的消化吸收。因为当饲料中粗纤维过多会加快食糜通过消化道的速度，降低蛋白质的消化率。如果粗纤维含量增加1个百分点，蛋白质的消化率就会降低1.0~1.5个百分点，而饲料中含有适量的蛋白质则能提高饲料的消化率。因此，猪饲料中应少加粗饲料，并且增加饲料中蛋白质的含量。

提高蛋白质的利用率，还要注意饲料中能量的高低。因为当能量满足猪的需要时，蛋白质才能作为氮源满足猪的需要。当能量不足时，蛋白质先要被迫提供能量，其余才作为氮源，这就大大降低了蛋白质的利用率。因此，在喂猪时应首先满足其能量需要，然后在此基础上，增加蛋白质的饲喂量，才能增加蛋白质的沉积。

饲料中蛋白质的数量、种类及蛋白质中各种氨基酸的配比也影响蛋白质的利用率。饲料中蛋白质品质好，数量适宜，蛋白质利用率就高；当饲喂量过多，蛋白质利用率反而降低。因为猪体合成蛋白质是有限的，蛋白质过多时，多余的蛋白质不能用于满足氮的需要，只能作为能源。摄入的蛋白质，各种必需氨基酸也必须搭配齐全。猪体内合成蛋白质需要10种必需氨基酸，其中任何一种缺乏都会影响蛋白质的利用。因此，我们提倡各种饲料搭配使用，因为不同饲料中含有的必需氨基酸不同，蛋白质种类不同，可以起到互补作用，从而使饲料蛋白质的利用率提高。

此外，调制饲料的方法也会影响蛋白质利用率。同一种饲料进行打浆、碾碎、发酵、青贮等不同加工后，饲料的适口性增加，消化率提高。另外，某些饲料如大豆经加热处理后，能破坏生大豆中的抗胰蛋白酶，蛋白质的利用率也会提高。为了提高蛋白质的利用率，还可进行抗氧化处理。

当然，提高蛋白质利用率还要注意饲料营养的全价性、氨基酸的平衡性。因此，在饲料中应补加少量人工合成的赖氨酸、蛋氨酸，以及各种常、微量矿物质及维生素。

三、青饲料

青饲料是指含水量在60%以上的新鲜植物性饲料。该类饲料含水量高，干物质中粗蛋白质含量高、品质好，维生素、矿物质含量丰富，粗纤维含量低，无氮浸出物含量丰富，各种营养物质易被消化吸收，对猪具有一定的促生长作用，是家庭养猪不可缺少的饲料种类。在某些情况下，青饲料中所含维生素即可满足猪的需要，无须另外补充。

猪常用的青饲料种类很多，主要有牧草、蔬菜、根茎瓜类、鲜树叶和水生饲料。

（1）牧草 牧草包括天然牧草和人工栽培牧草，常见的有禾本科牧草和豆科牧草。禾本科牧草主要有青饲玉米（图4-17）、青刈高粱、苏丹草、黑麦草等，豆科牧草主要有苜蓿（图4-18）、紫云英、三叶草、苕子、大豆苗、蚕豆苗等。豆科牧草中的粗蛋白质含量高，常达15%~20%，质地柔软，适口性好，是猪很好的蛋白质补充饲料，使用得当，可减少蛋白质饲料的用量，降低饲料成本。其他科的牧草如聚合草、荞麦等也是猪良好的青饲料。

图4-17 青饲玉米

图4-18 苜蓿

（2）蔬菜 蔬菜也可用作猪的饲料，常用的主要有苦荬菜（图4-19）、甘蓝、牛皮菜、甜菜叶、苋菜等。该类饲料在饲用时要防止焖制，以免产生亚硝酸盐使猪中毒。

（3）根茎瓜类 该类饲料含糖较多，常带有甜味，适口性特别好，猪很爱采食。该类饲料中的典型代表是胡萝卜（图4-20），它是营养价值很高的青饲料，能补充冬、春季青饲料供应不足。其他如甜菜（图4-21）、菊芋、芜菁、南瓜等，都是品质优良的青饲料。

图 4-19　苦荬菜　　　　　图 4-20　胡萝卜　　　　　图 4-21　甜菜

（4）鲜树叶　优质的树叶也是喂猪的好饲料，鲜树叶既可作为青饲料，也能提供一定量的能量、蛋白质和其他营养物质，同时某些树叶中还含有某种促进生长的未知因子，可作为饲料添加剂，如松针粉等。常用于喂猪的树叶种类有：桑树、槐树、榆树、杨树、柳树和某些果树叶。在使用时注意有的树叶中含有单宁，适口性差。在饲料中使用量常在 10%~20%。

（5）水生饲料　水生饲料主要有水浮莲、水花生和绿萍。该类饲料含水量常在 90% 以上，干物质含量很少，能量低，生喂时猪易感染寄生虫，不宜大量使用。

四、粗饲料

粗饲料是指饲料中粗纤维含量超过 18%、可利用能量很少的饲料。其共同特点是粗纤维含量高，粗蛋白质含量在 6% 以下，品质差，消化能含量低，粗灰分含量高，但利用率较低。因此，在仔猪、生长育肥猪饲料中要严格控制该类饲料的含量，以免影响饲料的消化吸收，降低饲料转化率。

猪常用的粗饲料有青干草和秸秆秕壳类。

（1）青干草　青干草是牧草未达成熟前刈割下来通过人工晒制而成的饲料，该类饲料维生素 D 含量丰富，其他营养物质含量与收获时期和原料品种有很大关系。以豆科牧草为原料晒制的青干草蛋白质含量较高，质地柔软，是良好的蛋白质补充饲料，适于盛花期前收割和晒制。禾本科牧草是晒制青干草的好原料，晒制时营养物质损失少，较易成功。

（2）秸秆秕壳类　这类饲料是作物籽实收获后留下的副产品，包括整株的秸秆和籽实的外壳、瘪子等，粗纤维含量特别高，达 30%~45%，消化能特别低，质地粗硬，适口性差。主要有麦草、稻草、玉米秸、豆荚等。这类饲料不宜饲喂仔猪、育肥猪，有时可用作成年母猪的填充料。

五、矿物质饲料

矿物质饲料是为了补充植物性和动物性饲料中某种矿物质不足而利用的一类饲料。大部分饲料中都含有一定量的矿物质，在过去散养或土圈少量养猪的情况下，看不出明显的矿物质缺乏症，但在目前高密度饲养或圈养条件下矿物质需要量增多，必须在饲料中添加。在生产中，常用的矿物质饲料主要有骨粉、贝壳粉、石粉、磷酸氢钙、食盐、沸石等。

（1）骨粉　骨粉是动物骨骼经高温、高压、脱脂、脱胶、粉碎而成。含钙量为36%，含磷量为16%，不仅钙、磷含量丰富，而且比例适当，是猪饲粮中优质的钙、磷补充饲料，一般用量占1.5%~2%即可。

（2）贝壳粉和石粉　贝壳粉是河、湖、海产的螺、蚌等外壳加工粉碎而成，含钙量在30%以上。石粉是天然碳酸钙，含钙量为35%以上。它们都是廉价的钙来源，用量一般在1.5%~2%即可。

（3）磷酸氢钙　磷酸氢钙的含钙量在20%以上，含磷量在15%以上。因价格昂贵用量很少，占饲料0.5%左右，使用时应注意用脱氟磷酸氢钙。

（4）食盐　植物性饲料中一般缺乏钠和氯，在猪的饲料中应注意添加，一般添加量为0.5%~1%。

（5）沸石　沸石是一种含水的硅酸盐矿物，在自然界中有40多种。沸石中含有磷、铁、铜、钠、钾、镁、钙、锶、钡等20多种矿物质元素，是一种质优价廉的矿物质饲料。

六、饲料添加剂

饲料添加剂是指为补充饲料营养或有利于营养利用而向饲料中加入的各种微量成分。它不同于饲料，一般不能提供能量，添加的主要目的在于补充饲料营养成分的不足，防止和延缓饲料变质，提高饲料适口性，改善饲料转化率，预防猪受病原微生物的侵扰，促进猪正常发育和加速生长，提高产品品质。由于自然界中没有哪一种饲料能完全满足猪的营养需要，即使是几种饲料科学地配合在一起也不可能非常完善，因此在饲料中加入饲料添加剂是非常必要的。

饲料添加剂可分为营养性饲料添加剂和非营养性饲料添加剂两大类。

（1）营养性饲料添加剂　此类添加剂主要用于平衡饲料营养，使饲料更全价，提高饲料转化率，使猪的生产力得到更好发挥。主要包括氨基酸添加剂、微量元素添加剂和维生素添加剂。

1）氨基酸添加剂。猪对蛋白质的需要实际上是对必需氨基酸的需要，猪常用的植物性饲料中，必需氨基酸的含量低且不平衡，不能满足猪的需要，影响饲料转化率。

目前生产中普遍使用的氨基酸添加剂有两种，即赖氨酸和蛋氨酸，它们都可工业合成。

①赖氨酸。在能量饲料中都缺乏，是猪的第一限制性氨基酸，虽然蛋白质饲料如

豆饼中含量较高，但其价格高，来源不足，限制了在猪饲料中的使用量。为了降低饲料成本，可在饲料中直接添加赖氨酸，满足猪对赖氨酸的需要。试验证明，在猪饲料中添加赖氨酸，可提高猪的生长速度，降低饲料消耗。

②蛋氨酸。在植物性蛋白质饲料中含量较少，是猪的第二限制性氨基酸。可根据饲养标准推荐量在饲料中适当添加。

2）微量元素添加剂。通常包括有铁、铜、锰、锌、钴、碘等微量元素，在缺硒地区还应添加亚硒酸钠。在水泥地面封闭饲养的猪，不接触土壤，不喂青绿饲料和草粉，需要在饲料中添加微量元素添加剂。各地饲料公司、生产厂家和药店均出售各种规格的微量元素添加剂，可按说明书使用。

3）维生素添加剂。在家庭养猪中，青绿饲料比较多，虽然不使用维生素添加剂，也很少出现缺乏症。但在规模养猪情况下，青绿饲料很难充分供应，尤其是饲养育肥猪，不宜大量饲用青饲料。因此，必须在饲料中加入适量的维生素添加剂。各地饲料公司、生产厂家和药店出售各种复合饲料添加剂，分为种猪（妊娠期、泌乳期）、仔猪和肉猪等各种规格，可按说明书使用。购买时要注意密封性和有效贮存期，超期的维生素添加剂效价降低，甚至完全失效。添加维生素的饲料不宜长时间贮存。

各种营养性饲料添加剂由于添加量都很小，应充分搅拌均匀，以免造成浪费及意外事故。

（2）非营养性饲料添加剂　该类添加剂不是为了提供营养，而是为了促进猪的生长，改善饲料转化率，防止饲料变质，提高猪肉品质。主要包括保健助长添加剂和饲料品质保护添加剂等。

1）保健助长添加剂。该类添加剂可抑制病原微生物的繁殖，改善猪体内的某些生理过程，提高饲料转化率，促进猪的生长，增加养猪的经济效益。主要包括抗生素添加剂和各种生长促进剂。

①抗生素添加剂。低浓度的抗生素添加剂可对特异微生物的生长产生抑制或杀灭作用，从而提高猪的生产力。在饲养管理条件比较恶劣的情况下，使用这类添加剂的效果更好。目前在养猪生产中经常用的有杆菌肽锌预混剂、泰乐霉素预混剂、竹桃霉素预混剂等。在使用此类添加剂时要防止滥用，长期低剂量使用抗菌药物会使微生物产生抗药性，并在猪肉中残留，对人类造成危害，这是许多国家不允许的。因此，在使用时要注意治疗用的抗生素一般不能作为促生长添加剂，最好能将几种抗生素添加剂联合或交叉使用，以免引起抗药性。为了防止残留，应间隔使用，特别是在屠宰前一段时间要停用。

②生长促进剂。如生长素等能改善猪体内代谢过程，促进猪的生长。还有如各种纤维素酶、淀粉酶等可改善饲料消化率，提高饲料转化率。

③驱虫、保健添加剂。对消化道内寄生虫（如蛔虫）有效的如潮霉素；对预防与治疗白痢有效的如土霉素，猪的用量为每吨饲料300克，有促进猪的生长与防病作用。

④增进食欲添加剂。

谷氨酸钠（味精）：在饲料中添加0.1%的谷氨酸钠，能显著提高猪的食欲，并有效地加快生长，特别在仔猪人工乳中添加味精效果更好。用发酵法生产味精的残渣，经适当处理，可代替谷氨酸钠作为饲料添加剂使用。味精残渣中除含有一定量的谷氨酸钠外，还有大量的菌丝蛋白及其他有助于猪生长的物质。

糖精：为了改善猪料的适口性，增进食欲，也可在每吨饲料中添加200克糖精。此外，在饲料中添加适量的马钱子、槟榔子、芥子与茴香油等，也可起到开胃的作用。

⑤中草药添加剂。中草药资源丰富，价格低廉，助长保健，无不良副作用，完全可以作为添加剂使用。

2）饲料品质保护添加剂。饲料中某些成分暴露在空气中易被氧化，或在温度高、湿度大的环境中易于变质，在饲料中添加了这类添加剂后可有效地保护饲料品质。常用的添加剂有抗氧化剂和防霉剂。

①抗氧化剂。在含脂高的饲料中，为了防止脂肪腐败和维生素破坏而使用的添加剂。常用的有乙基化羟基甲苯、乙氧基喹啉等，在饲料中的添加量一般为0.01%~0.05%。在家庭养猪饲料用量不太大、饲料贮存天数较短的情况下，很少使用。

②防霉剂。是为了防止高温、高湿的季节饲料霉变而采用的添加剂。常用的防霉剂是丙酸钠，添加量为每吨饲料1千克。

（3）使用饲料添加剂时应注意的问题　饲料添加剂的作用已逐渐被人们认识，使用越来越普遍，但因种类多，使用量小而作用大，且多容易失效，所以使用时应注意以下几点：

1）正确选择。目前饲料添加剂的种类很多，每种添加剂都有自己的用途和特点。因此，应充分了解它们的性能，结合饲养目的、饲养条件、猪的品种及健康状况等选择使用。

2）用量适当。用量少，达不到目的；用量多既增加饲养成本，还会引起中毒。应严格遵照生产厂家的使用说明使用。

3）搅拌均匀。搅拌均匀程度与效果直接相关：向饲料中混合添加剂时，必须搅拌均匀，否则即使是按规定的量饲用，也往往起不到作用，甚至会出现中毒现象。若采用手工拌料，可采用三层次分级拌和法。具体做法是先确定用量，将所需添加剂加入少量的饲料中，拌和均匀，即为第一层次预混料；然后再把第一层次预混料掺到一定量（饲料总量的1/5~1/3）饲料中，再充分搅拌均匀，即为第二层次预混料；最后再把第二层次预混料掺到剩余的饲料中，拌匀即可。由于添加剂的用量很少，只有多层次分级搅拌才能混匀。

4）混于干粉料中。饲料添加剂只能混于干饲料（粉料）中，短时间贮存待用才能发挥它的作用。不能混于加水的饲料和发酵的饲料中，更不能与饲料一起加工或煮沸使用。

5）贮存时间不宜过长。大部分添加剂不宜久放，特别是营养性添加剂、特效添加剂，久放后容易受潮发霉变质或氧化还原而失去作用，如维生素添加剂、抗生素添加剂等。

6）配伍禁忌。多种维生素最好不要直接接触微量元素和氯化胆碱，以免减弱药效。在同时饲用两种及两种以上的添加剂时，应考虑有无拮抗、抑制作用，防止产生化学反应。

第三节　高产母猪饲料的加工调制

饲料加工调制是改变饲料性状的一种手段，其目的是改善饲料的适口性，消除某些饲料固有的有害性，提高饲料的采食量、消化性和利用率。饲料调制与否或如何调制，必须根据饲料的性质和猪的生理状况以及调制所耗费的人力、物力和经济成本来决定，因为调制时虽有所得，也有所失，要具体衡量得失。

饲料调制的方法很多，概括起来可归纳为三大类，即物理、化学和生物学调制法。

物理调制法，主要通过机械和浸泡等作用，使饲料由粗变细、由长变短、由硬变软，便于猪采食和咀嚼，减少能量消耗，从而提高饲料的利用率。具体方法有铡短、粉碎、打浆及用水和其他汁液浸泡等。

化学调制法，是应用酸、碱、石灰水及氨水等化学药品对饲料进行处理，以分解饲料难以消化的部分，如纤维素、木质素等，并消除某些对猪有害的物质。一般来说，经过处理的饲料在化学组成和结构上有所改变，消化率和能值有一定程度的提高。

生物学调制法，是利用饲料中沾染或人工接种的某些有益微生物的活动，为它们创造适宜的生活条件，使微生物大量繁殖生长，以达到贮存和改变饲料性质的目的。它能改进饲料的适口性，刺激猪的食欲，使饲料增加某些营养物质，如维生素、菌体蛋白等，此方法主要有糖化发酵、酶解、发芽等。

一、能量饲料的加工调制

能量饲料一般适口性好，消化率较高，是猪营养的主要来源。但谷实类由于种皮（如玉米）、颖壳（如大麦）、淀粉粒的性质（如小麦）及某些饲料中含有的有毒有害物质（如高粱中的单宁）等因素，影响了消化酶的消化作用和营养物质的吸收，需要通过适当加工调制，改善其适口性，提高消化利用率。经常使用的方法有：

（1）机械加工　机械加工是籽实类饲料最常用的加工调制方法。这类饲料如果整粒饲喂，消化液难以透过表层结构，营养物质不易被消化，饲料转化率低。机械加工的方法有：

1）粉碎。通过将饲料粉碎，破坏了籽实表面坚硬的种皮和颖壳层，增加饲料与消化液的接触面积，提高饲料转化率。这类饲料粉碎时要注意粉碎的细度，特别对于大麦、小麦等。由于其中含有较多的谷蛋白，粉碎过细适口性差，易在肠道内黏滞成团影响消化液的渗入，不利于消化，一般以中等细度为佳。

精饲料粉碎后与外界接触面增加，易返潮和氧化，不耐贮存，对于含脂率高的饲料更要注意，如玉米等。

2）浸泡。对有些能量饲料可通过浸泡提高适口性，减少有毒有害物质的危害。如高粱通过浸泡可消除其中所含的单宁，马铃薯通过浸泡可减少其中茄碱的含量。浸泡时料水比以1:(1~1.5)为宜，水过多，影响干物质的摄入量，营养供给不足，影响猪的生长。在高温季节，浸泡时间不宜过长，以免饲料发酵变质。

3）焙炒。焙炒对诱引仔猪开食具有很好的作用，通常用于大麦或玉米等含淀粉多的饲料，可将部分淀粉转化为糊精，产生香味，改善适口性。

（2）发芽、糖化与压扁制粒

1）发芽。是在冬、春季青饲料缺乏的情况下，为了满足种猪的需要而采取的方法，可促进猪的发情和泌乳量的提高，提高精液品质。发芽时要注意把温度控制在30~40℃。籽实发芽方法有两种：一种是长芽（6~8厘米），富含胡萝卜素；另一种是短芽（0.5~1厘米），富含维生素E。

2）糖化。将籽实粉碎后，在淀粉酶的作用下，使部分淀粉转化为麦芽糖。糖化饲料中含有少量乳酸，糖分含量高，具有酸、香、甜味，适口性好，提高了饲料的消化率。

3）压扁制粒。将禾本科籽实如玉米、大麦、高粱等先去皮，加热压扁制成压扁饲料，可提高适口性和消化率。也可将能量饲料先粉碎，再通过多种饲料配合，然后制成颗粒饲料，以提高消化率。

二、蛋白质饲料的加工调制

（1）植物性蛋白质饲料　植物性蛋白质饲料是猪饲粮蛋白质的主要来源，由于该类饲料中常含有某些对猪生理机能有害的物质，所以对它处理以降低危害、提高饲用价值成为植物性蛋白质饲料加工调制最重要的一部分。这类饲料主要是饼粕类饲料。

饼粕类是榨油的副产品，其中有害物质的含量大多与残油量有关，一般残油量越多，有害物质含量就越高，相反则少。

1）豆饼（粕）。冷榨的豆饼（粕）中含有抗胰蛋白酶、细胞凝集素、脲酶和致甲状腺肿物质等有害物质，它们会降低粗蛋白质的消化率，对猪造成一定的毒害作用，由于这些物质大都是热不稳定物质，在105~110℃的温度下经3~5分钟即可被分解，成为无毒性的物质。因此，豆饼（粕）一定要经过加热处理才能用来喂猪。

2）菜籽饼（粕）。是菜籽榨油后的副产品，由于其中含有硫代葡萄糖苷和芥子酸，使菜籽饼（粕）有一股辛辣味，适口性差，而且硫代葡萄糖苷在体内分解后产生硫氰酸类物质，可导致猪甲状腺肿大，影响物质代谢。因此，菜籽饼（粕）在饲用前要经过脱毒处理，降低菜籽饼（粕）中硫代葡萄糖苷的含量。埋入法是最常用的方法，即将菜籽饼（粕）和水按1∶1的比例埋入土坑，经2个月即可取出饲喂。除此之外还有氨、碱处理法和发酵法，但效果都不太理想。

3）棉籽饼（粕）。棉籽饼（粕）中含有游离的棉酚，可对组织细胞和神经产生毒害，要经过去毒才能使用。常用去毒方法是用0.2%~0.5%的硫酸亚铁溶液浸泡，按1∶2.5的饼（粕）与水比例浸泡24小时，去毒率可达80%左右。除此之外，还可用水煮法和溶剂浸出法，但效果不如浸泡法。

4）其他植物性蛋白质饲料。如大豆、蓖麻籽饼（粕）、花生饼（粕）、胡麻籽饼（粕）等，在使用前都要进行适当加工调制，以提高适口性，减少毒害。

（2）动物性蛋白质饲料　动物性蛋白质饲料也是猪饲料蛋白质来源的一个方面，特别是家庭养猪时自制的蛋白质饲料，要注意合理加工调制，以免对猪产生危害。

1）骨肉粉。可采用畜禽脏器和不符合食用要求的屠体（如非传染病死亡的动物）加工制成。一定要经过高温消毒才可饲用，以免引发疾病。

2）蚕蛹。含脂量高，不耐贮存，应将其高温处理抽提部分油脂才能用于饲喂，晒干后可贮存。不能将蚕蛹从缫丝厂取来后直接饲喂，以免引发疾病或中毒。

3）鱼粉。是使用最广泛的动物性蛋白质饲料，其加工方法一般有干法、湿法和土法生产。市售鱼粉常是用干法生产的，质量可靠，符合卫生要求。采用土法生产的鱼粉，质量不可靠，蛋白质含量不稳定，食盐含量过高，未经高温消毒，卫生条件差，在饲用时要慎重。

在农村还将捕获的小鱼虾混拌在饲料中喂猪，但腥味大，屠宰前应停用，最好能煮熟制汤，用来拌饲料，可提高适口性和利用率。

三、青饲料的加工调制

（1）青饲料打浆　青饲料的体积较大，含有一定量的粗纤维，在实际使用时，猪的采食量是有限的，如果将其粉碎打浆，制成粥样，则可提高适口性，增加采食量，有利于消化液与营养物质的混合，提高消化率。各种青饲料都可以作为打浆的原料，此方对于有些质地较硬或适口性差的青饲料，如茎叶表面有倒刺或毛的青饲料尤为适宜。

青饲料的打浆的具体做法是用普通锤片式粉碎机改装，使用直径为3~4毫米的筛板，配以一定动力即可进行。根据打浆过程中是否加水可分为水打浆和干打浆，含叶多的幼嫩青饲料可直接打浆，压缩体积，提高采食量，且便于贮存，此方法称干打浆。对于一些较老、含粗纤维较多的青饲料，由于含水量少，粉碎打浆时过于黏稠，不易流出，可在入料口用水管注入适量的水，起到一定的稀释和清洗作用，保证浆液顺利流入料池，此方法称水打浆，料水比例约为1∶1，由于含水量较高，不易贮存。

（2）青饲料发酵　青饲料的发酵是利用乳酸菌、酵母菌等在适宜的温度、湿度和厌氧环境下，对青饲料进行发酵，使其质地柔软，体积较小，酸香可口。此方法对于一些质地较硬、带有不良气味的青饲料尤为适合。

青饲料发酵的方法是将青饲料洗净切短，装入缸或池内踩紧压实，装至接近满缸时，盖上草席，压上重物，以免青饲料浸水后浮起腐烂，然后用水完全浸没青饲料，经3~7天，发酵即可完成。

由于发酵过程中温度达40℃左右，且水分含量高。因此，发酵饲料不耐久贮存，在制作时一次数量不宜过多，否则会导致腐败变质。

在青饲料进行发酵前，对原料要进行清理，防止有毒植物掺入。为提高发酵饲料营养价值，可进行混合发酵。

（3）青饲料的干制加工　青饲料经干制加工即成青干草。品质良好的青干草是我国北方地区猪冬、春季青饲料供应的一种重要形式。调制良好的青干草，营养损失少，青绿，芳香，适口性好，易于消化。豆科牧草、禾本科牧草和天然草地牧草都可制成青干草。

调制青干草的原料要适时刈割，禾本科牧草于始花期至盛花期刈割。刈割是否适时，与青干草的品质和调制的难度有很大关系。

青干草的调制有自然干燥和人工干燥两种方法，目前我国多采用自然干燥法，即利用阳光暴晒进行调制。

自然干燥法调制青干草包括两个阶段，第一阶段是将适时刈割的原料采用地面薄层平铺暴晒法，在阳光下暴晒4~5小时，使草中水分迅速蒸发并降至40%左右，这时植物细胞死亡，呼吸停止。这个阶段一定要将草铺开，铺平，勤翻动，以加快水分蒸发。缩短晒制时间。第二阶段是使植物含水量降至14%~17%，抑制酶的活动，减少营养损失。植物中水分由 40% 降至 14%~17% 是一个较为缓慢的过程，不能采用阳光暴晒，而应减少日晒，以免胡萝卜素大量损失。可堆小堆或移至通风良好的遮阳棚下逐渐干燥，此阶段要减少翻动，以免叶片大量脱落，造成营养损失。

青干草调制完毕后要及时堆垛，以免受到雨淋而降低青干草的营养价值。

调制干草过程中最重要的一点是防止雨淋，受雨淋的青干草易霉烂，适口性差甚至失去饲用价值。在雨水较多的地区调制青干草时，采用草架晒制，可减少营养损失。

四、青贮饲料的加工调制

青贮饲料是青饲料通过微生物作用将营养物质保存下来的一种饲料。通过青贮，可使青饲料常年均衡供应。禾本科青饲料较易贮存，豆科青饲料较难青贮成功，如果两者混合青贮，可提高青贮饲料的营养价值。一般青贮饲料的调制方法如下：

（1）适时刈割（图4-22、图4-23） 用于青贮的原料要适时刈割，刈割过早，含水量多，不易青贮；刈割过迟，粗纤维含量高，品质差。禾本科牧草以孕穗至抽穗期刈割，豆科以始花至盛花期、青饲玉米以乳熟期、山芋藤为霜前期刈割，随割随贮，效果较好。

图 4-22　青饲玉米人工刈割

图 4-23　青饲玉米机械刈割

（2）切短　为了便于装填、踩实和取喂，青贮原料必须切短。豆科牧草可长些，禾本科的宜略短些，一般以 3~5 厘米为佳（图 4-24）。

（3）装填　原料切短后要立即装填。装填前先将窖底部铺上 15~30 厘米厚的稻草（用稻糠也可以），然后开始分层装填，每层 20~30 厘米，层与层之间可根据原料含水量的多少，撒上适量的稻糠，便于压紧，尤其要踩实窖的边缘。尽可能排除饲料中的空气，提供良好的厌氧环境，这是青贮成功的关键之一（图 4-25）。

（4）封窖　要求严密不透气，防止雨水淋湿。青贮窖顶部要装满压实呈馒头形，并用塑料膜或土封严，封窖 3~5 天后，原料下沉，要及时用土填实（图 4-26）。

图 4-24 玉米秸秆切短、装窖

图 4-25 踩实压严，排除空气

图 4-26 青贮窖封顶

饲料青贮 1 个月左右即可开窖使用。使用时要注意逐段、分层取用，不能掏洞或无规律取用。

品种良好的青贮饲料应呈绿色或黄绿色，带有水果味或乳酸香味，质地疏松。而发黑甚至腐烂的青贮料不应用来喂猪。

青贮饲料具有轻泻性，妊娠母猪应控制饲喂量。猪的饲喂量以每头 1.5~2 千克/天为宜，使用时要与其他精饲料混合饲喂，且需逐步增加饲喂量，以使猪有一个适应的过程。

五、粗饲料的加工调制

（1）粗饲料粉碎　猪是单胃动物，对粗饲料的消化能力很差，因而在饲料中含量不宜过多。为了增加猪的采食量，促进粗饲料的消化，饲用粗饲料前应进行粉碎。粗饲料的粉碎细度一般越细越好，最好直径在 1 毫米以下；用来粉碎的粗饲料，最好实行多样搭配，提高营养价值；发霉的饲料在粉碎前一定要加以剔除。粉碎好的粗饲料干粉，可以与精饲料混合饲喂，也可以与精饲料一起压成颗粒饲料。

（2）粗饲料发酵　在发酵过程中，由于微生物的作用，可使粗纤维软化、糖化，有利于提高粗饲料的适口性和利用率。粗饲料的发酵方法主要有绿色木霉菌发酵法、瘤胃发酵法、糖化酶菌（黄曲霉、根霉等）发酵法及自然发酵法等。

第四节　高产母猪的饲养标准与饲料配合

一、高产母猪的饲养标准

（1）饲养标准的制定　养猪的目的是用最少的饲料生产最多的猪肉，在科学养猪过程中，为了充分发挥猪的生产性能又不浪费饲料，必须对每头猪每天应给予的各种营养物质量规定一个大致的标准，以便实际饲养时有所遵循，这个标准就是饲养标准。饲养标准的制定是以猪的营养需要为基础的，所谓营养需要就是指猪在生长、育肥、繁殖等生理活动中每天对能量、蛋白质、维生素和矿物质等营养物质的需要量。在变化的因素中，某一头猪的营养需要我们是很难知道的，但是经过多次试验和反复验证，可以对一类猪在特定环境和生理状态下的营养需要得到一个估计值，生产中按照这个估计值供给猪各种营养，这就产生了饲养标准。

饲养标准的内容主要包括能量指标，蛋白质水平，钙、磷、食盐及胡萝卜素含量，有些还包括了各种必需氨基酸、维生素和各种必要的微量元素的合理供应量等。目前有些饲养标准的营养指标达20多种，力求营养的全价化。饲养标准的内容随着畜牧科学技术的发展，项目越来越多，越来越复杂。随着微量元素的饲养效果更加明显，有的把微量元素作为重要的添加剂。

猪的饲养标准很多，许多国家都有本国猪独特的饲养标准。各国的饲养标准，其内容不完全相同，但总的看来，基本上大同小异，所以不同国家的饲养标准都可以相互参考，相互借鉴。

（2）应用饲养标准时需要注意的问题

1）饲养标准来自于养猪生产，又服务于养猪生产，生产中只有合理应用饲养标准，配制营养完善的全价饲粮，才能保证猪群健康并很好地发挥生产性能，提高饲料转化率，降低生产成本，获得较好的经济效益。所以，为猪群配合饲料时，必须以饲养标准为依据。

2）饲养标准的种类较多，在配合饲料时应选择合适的饲养标准，满足相应猪的营养需要，并力求符合标准。

3）饲养标准是根据许多试验研究结果的平均数据提出来的，而饲料又是按大群猪的平均生产力来配合的，不可能符合每个个体的需要。此外，饲料成分有变化，各种营养物质之间也存在相互代替、相互制约的复杂关系。因此，在承认饲养标准与饲料营养价值表科学性的前提下，在生产实践中，要随时根据具体情况做具体调整，使配合饲料的营养含量达到近似值即可。

4）制定具体饲料配方时，至少要满足猪对消化能、粗蛋白质、蛋白能量比、钙、磷、食盐、赖氨酸和蛋氨酸的需要量。

二、高产母猪的饲料配合

（1）配合饲料的优点　配合饲料是指根据饲养标准科学地将几种饲料原料按一定比例混合在一起的营养全面的饲料。猪在生产过程中需要一定量的各种营养素，但自然界中没有哪一种单一饲料能满足这个要求，用单一饲料喂猪的结果必然是影响猪的生长，浪费饲料，降低经济效益。相反，饲喂配合饲料不但能满足猪的营养需要，还能相对地降低饲料成本。配合饲料的优越性可概述如下：

1）由于配合饲料是全价的，营养物质利用率高，可用最少的饲料获得最多的产品。

2）配合饲料生产时，是将几种饲料混合使用，饲料之间营养物质相互补充，可以最合理地利用各种饲料，减少浪费，这对于一些资源匮乏的饲料如蛋白质饲料尤为重要。

3）配合时，可加入各种添加剂，防止营养不足、过量和中毒，可以抑制病原微生物的生长，减少疾病发生，促进猪的生长，改善饲料转化率，提高胴体品质。用配合饲料喂猪与用单一饲料相比，前者的料肉比为（3.0~3.5）：1，后者的为（4.0~4.5）：1，甚至更高；前者的死亡率在5%以下，后者的常在10%~15%。

（2）饲料配合的原则

1）饲料配合时应依据猪的饲养标准及饲料营养价值。饲养标准是饲料配合的指南，饲料的营养价值是基础，查阅饲料营养价值表时要尽量选择接近本地区饲料的营养价值，以减少误差。

2）必须满足猪对能量、蛋白质、维生素和矿物质的需要。对种猪还要注意蛋白质的品质、必需氨基酸的平衡程度。

3）注意饲料体积，控制粗纤维含量。母猪饲料体积可以大一些，使母猪有饱腹感，粗纤维含量可达10%左右。

4）饲料要多样化。充分利用当地饲料资源，力求饲料品种多样化，使营养物质之间相互补充，提高利用率。

5）饲料要质地良好，适口性好。严禁饲喂发霉变质、有毒有害的饲料。对于妊娠母猪更要注意。

6）要考虑经济原则。在养猪生产中，饲料成本占总成本的60%~70%，为了提高经济效益，降低饲料成本，应在满足猪营养需要的前提下，尽量选用价格低廉、来源广泛的饲料。

（3）配合饲料的类型　猪的配合饲料的种类很多，按猪的类别可将配合饲料分为乳猪料、仔猪料、育肥猪料、哺乳母猪料、妊娠母猪料和公猪料等；按形态可将配合饲料分为粉料、破碎料、颗粒料、压扁料、膨化漂浮料及液体料等；按营养可将配合饲料分为添加剂预混料、浓缩料、混合料和全价配合饲料。

1）添加剂预混料。把多种饲料添加剂按一定比例与定量载体混合制成，饲喂时，按说明加入基础日粮中。

2）浓缩料。在添加剂预混料的基础上再加入蛋白质饲料。

3）混合料。多为养猪户利用，由自家生产的能量饲料加入少量蛋白质饲料和矿物质饲料混合而成。

4）全价配合饲料。这种饲料根据科学配方，利用多种能量饲料、蛋白质饲料和饲料添加剂预混料配合而成，营养全面，比例适当，饲养效果好，经济效益高。

（4）饲料配方中各类饲料原料的比例　不同饲料原料在猪饲料配方中所占比例不同，同一种饲料原料在不同饲料配方中所占比例也不尽相同。配合饲料时应参考典型饲料配方和实践经验灵活掌握。主要饲料原料在各种类型猪饲料配方中搭配比例可参考表4-2。

表4-2　各类饲料原料在猪饲料配方中的比例（%）

饲料原料	育成猪（2~4月龄）	后备成年猪（4~8月龄）	肉脂兼用型猪（4~7月龄）	瘦肉型猪（4~6月龄）	妊娠母猪
禾本科籽实	36~60	35~50	35~55	35~55	30~50
豆科籽实	0~15	0~20	0~20	0~20	0~10
饼粕类	0~10	0~20	0~10	0~10	5~20
糠麸类	5~10	5~20	5~15	5~10	10~25
酵母	0~5	0~5	0~5	0~5	0~5
动物性饲料	3~10	2~10	2~5	3~8	1~5
草粉	1~5	1~5	1~5	1~5	1~7
石粉、骨粉	1.5	1.5	1.5	1.5	1.5
食盐	0.5	0.5	0.5	0.5	0.5

（5）设计饲料配方的方法　首先要设计饲粮配方，有了配方，然后"照方抓药"。设计猪饲料配方的方法很多，如对角线法、试差法、线性规划法、计算机设计法等。目前农村养猪户和小型猪场多采用对角线法或试差法，而大型猪场和饲料公司多采用计算机设计法。

1）对角线法。此方法简单易懂，一般在饲料种类不多及考虑营养指标较少的情况下采用。

例：利用某一粗蛋白质含量为42%的浓缩蛋白质饲料和粗蛋白质含量为8.7%的玉米，配制成粗蛋白质含量为14%的妊娠母猪饲料。其计算步骤如下：

第一步：画一个四边形，在四边形中央写上所配饲料的蛋白质含量（14%），在左上角写玉米粗蛋白质的含量，即玉米8.7%；在左下角写浓缩蛋白质饲料粗蛋白质含量，即浓缩料42%。

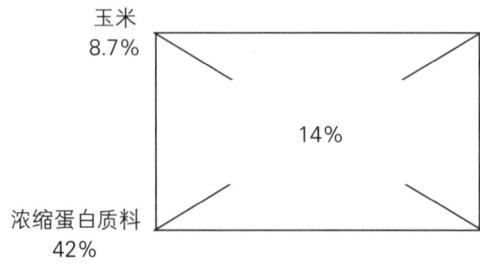

第二步：按四边形两对角线进行计算，用大数减去小数，并在计算过程中去掉百分号，即 42 − 14 = 28；14 − 8.7 = 5.3。把计算后的数字写在对角上。

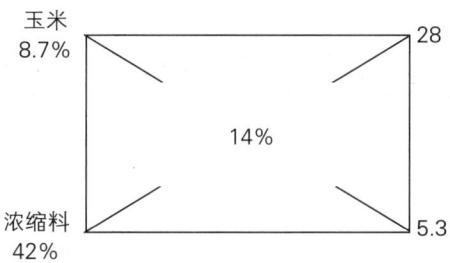

所以，右上角得数 28 是玉米在饲料中所占的份数；右下角得数 5.3 是浓缩料在饲料中所占的份数，总份数为 28 + 5.3 = 33.3。

第三步：把上一步的份数换算成百分比（%）。

$$玉米（\%）= \frac{28}{28+5.3} \times 100\% = 84.08\%$$

$$浓缩蛋白质饲料（\%）= \frac{5.3}{28+5.3} = 15.92\%$$

2）试差法。试差法就是根据经验和饲料营养含量，先大致确定一下各类饲料在配方中的大致比例，然后进行营养价值计算，将计算结果与饲料标准比较，若某一项或某一部分营养不足或过多，对相应部分饲料比例进行调整，再计算，直到近似饲养标准为准。这种方法是生产中使用最多的，比较容易掌握。

例：为妊娠母猪配合饲料，可供使用的饲料种类有：玉米、菜籽饼、豆饼、小麦麸、石粉、磷酸氢钙、食盐及 1% 预混剂。

第一步：根据配料对象及现有的饲料种类列出饲养标准及饲料成分表。见表 4-3。

表 4-3　妊娠母猪饲养标准及饲料成分

项目	消化能/（兆焦/千克）	粗蛋白质（%）	钙（%）	磷（%）	赖氨酸（%）	蛋氨酸+胱氨酸（%）	食盐（%）
饲养标准	12.97	13.00	0.73	0.60	0.58	0.48	0.30
玉米	14.27	8.7	0.02	0.21	0.24	0.38	
小麦麸	12.12	15.5	0.11	0.92	0.58	0.39	
豆饼	13.74	43.0	0.31	0.61	2.45	1.20	
菜籽饼	12.05	36.3	0.21	0.83	1.40	0.36	
石粉			35.00				
磷酸氢钙			23.80	18.0			

第二步：初拟配方。根据饲养经验，初步拟定一个配合比例，然后计算能量、蛋白质含量。拟定的配方和计算结果见表4-4。

表4-4 初拟配方及配方中能量、蛋白质含量

项目	饲料比例（%）	消化能/（兆焦/千克）	粗蛋白质（%）
玉米	63	14.27×0.63=8.99	8.7×0.63=5.48
小麦麸	24	12.12×0.24=2.91	15.5×0.24=3.72
豆饼	6	13.74×0.06=0.82	43×0.06=2.58
菜籽饼	3	12.05×0.03=0.36	36.3×0.03=1.09
合计	96	13.08	12.87
饲养标准	100	12.97	13.00
差数	-4	+0.11	-0.13

第三步：调整配方，使能量和蛋白质符合营养标准。由表4-4中可以算出能量比标准多0.11兆焦/千克，粗蛋白质少0.13%。用含蛋白质较高的豆饼代替玉米，需要替代0.32%［0.11÷（43-8.7）×1%］，则消化能减少0.17兆焦/千克［（14.27-13.74）×0.32%］。替代后粗蛋白质约为13%，能量为12.91兆焦/千克，与标准接近。

第四步：计算矿物质和氨基酸的含量（表4-5）。

表4-5 矿物质和氨基酸含量

项目	饲料比例（%）	钙（%）	磷（%）	赖氨酸（%）	蛋氨酸+胱氨酸（%）
玉米	62.68	0.02×0.6268=0.0125	0.21×0.6268=0.1316	0.24×0.6268=0.1504	0.38×0.6268=0.2382
小麦麸	24	0.11×0.24=0.0286	0.92×0.24=0.2208	0.58×0.24=0.1392	0.39×0.24=0.0936
豆饼	6.32	0.31×0.0632=0.0196	0.61×0.0632=0.0386	2.45×0.0632=0.1548	1.20×0.0632=0.0758
菜籽饼	3	0.21×0.03=0.0063	0.83×0.03=0.0249	1.40×0.03=0.042	0.36×0.03=0.0108
合计	96	0.067	0.4159	0.4864	0.4184
饲养标准		0.73	0.6	0.58	0.48
差数		-0.663	0.1841	-0.1	-0.0616

根据上述配方计算得知，配方中钙比标准低0.663%，磷比标准低0.1841%，先添加磷酸氢钙配平磷，需要添加1%的（0.1841÷18×100%）磷酸氢钙。添加1%的磷酸氢钙增加钙0.238%，还缺钙0.425%，需要添加石粉1.2%（0.425÷35×100%）。赖氨酸低于标准0.1%，添加0.1%的赖氨酸。补充0.3%的食盐和1%的预混剂，配方总量为99.6%，少0.4%，用玉米补充，可以提高饲料中的代谢能水平和蛋白质、赖氨酸蛋+

胱氨酸、钙、磷含量，提高能量 0.057 兆焦 / 千克、蛋白质 0.035%、赖氨酸 0.001%、蛋氨酸 + 胱氨酸 0.002%、磷 0.001%。

第五步：列出配方和主要营养指标。

饲料配方：玉米 63.08%，小麦麸 24%，豆饼 6.32%，菜籽饼 3%，石粉 1.2%，磷酸氢钙 1%，食盐 0.3%，预混料 1%，赖氨酸添加剂 0.1%。

营养水平：消化能 12.97 兆焦 / 千克，粗蛋白质 13.04%，钙 0.6%，磷 0.58%，赖氨酸 0.58%，蛋氨酸 + 胱氨酸 0.41%。

在配合饲料时要求反复试差调整，直至近似饲养标准为止。用这种方法也可为其他生产目的和生理阶段的猪配合饲料。

一般来说，试差结果与饲养标准相差不超过正负 5% 即为近似饲养标准，配合结果计算值不可能也没有必要与饲养标准完全相同。

设计猪的饲料配方除掌握方法外，还与生产实践经验有很大关系，要在饲养过程中不断总结经验，设计出符合猪要求的科学配方。

3）计算机设计法。现在计算机也被广泛应用于饲料配方设计中。利用计算机设计饲料配方，其原理是利用高级计算机算法语言编出程序，将饲料配方问题抽象成线性规划模型后，准确适当地列出输入数据，利用各种程序求解。在实际生产中，人们可以利用电脑公司提供的计算机软件设计饲料配方。与一般方法相比，用计算机设计饲料配方有以下优点：

①可以满足猪所有营养物质的需要。利用手工设计，只能确定几种主要技术指标，计算简单的饲料配方。使用计算机，可以将猪饲养标准中规定的所有指标一一满足，使全面考虑营养与成本的愿望变为现实。

②操作简单，快速及时。利用计算机设计饲料配方，全部计算工作都由计算机完成，速度相当快，仅需几分钟。计算内部程序固定化，操作起来极为简单。

③可计算出高质量、低成本的饲料配方。利用计算机设计出来的饲料配方都是最优化的，它既保证原料的最佳配比，又追求最低成本，这样可充分利用饲料资源，提高饲料转化率，获取最大的经济效益。

④提供更多的参考信息。计算机不仅能设计饲料配方，还有经济分析、经营决策、生产管理、市场营销、信息反馈等多种非常重要的功能。

当然，再先进的计算机也仅是一种为人服务的工具，并不是万能的，要设计出好的饲料配方，还必须掌握营养学、饲料学原理，且具有丰富的实践经验。

（6）饲料的拌和方法　饲料使用时，要求猪所吃的每一部分饲料所含的养分都是均衡的、相同的，否则将会使猪产生营养不良、缺乏症或中毒现象，否则，即使饲料配方非常科学，饲养条件非常好，仍然不能获得满意的饲养效果。因此，必须将饲料搅拌均匀,以保证猪的营养需要。饲料拌和有机械拌和和手工拌和两种方法,只要使用得当,都能获得满意的效果。

1)机械拌和。机械拌和(图4-27)即采用搅拌机进行拌料。常用的搅拌机有立式和卧式两种。立式搅拌机适用于拌和含水量低于14%的粉状饲料,含水量过多则不易拌和均匀。这种搅拌机所需动力小,价格低,维修方便,但搅拌时间较长(一般每批需10~20分钟),适用于养猪专业户使用。卧式搅拌机在气候比较潮湿的地区或饲料中添加了黏滞性强的成分(如油脂)的情况下,都能将饲料搅拌均匀。卧式搅拌机搅拌能力强,搅拌时间短,每批需3~4分钟。主要在一些饲料加工厂和大型猪场使用。无论使用哪种搅拌机。为了使搅拌均匀,都要注意确保适宜的装料量,装料过多或过少都无法保证均匀度,一般以装料容量的60%~80%为宜。搅拌时间也是关系到混合质量的重要因素,时间过短,质量肯定得不到保证;但也不是时间越长越好,搅拌过久,使饲料混合均匀后又因过度混合而导致出现分层现象,同样影响混合均匀度。搅拌时间长短可按搅拌机使用说明设置。

2)手工拌和。手工拌和(图4-28)是家庭养猪时饲料拌和的主要手段。拌和时,一定要细心、耐心,防止一些微量成分打堆、结块,拌和不均,影响饲喂效果。

图4-27 机械拌和　　图4-28 手工拌和

手工拌和时特别要注意的是一些在饲料中所占比例小,但会严重影响饲养效果的微量成分,如食盐和各种添加剂,如果拌和不均,轻者影响饲养效果,严重时造成猪产生疾病、中毒,甚至死亡。对这类微量成分,在拌和时首先要充分粉碎,不能有结块现象,块状物不能拌和均匀,被猪采食后有可能发生中毒。其次,由于这类成分用量少,不能直接加入大宗饲料中进行混合,而应采用预混合的方式。其做法:取10%~20%的精饲料(最好是比例大的能量饲料,如玉米面、麸皮等)作为载体,另外堆放,然后将微量成分分散加入其中,用平锹着地撮起,重新堆放,将后一锹饲料压在前一锹放下的饲料上,即一直往饲料堆的顶上放,让饲料沿中心点向四周流动成为圆锥形,这样可以使各种饲料都有混合的机会。如此反复3~4次即可达到拌和均匀的目的，预混合料即制成。最后再将这种预混合料加入全部饲料中，用同样方法拌和3~4次即能达到目的。

手工拌和时，只有通过这样拌和，才能保证配合饲料品质，那种在原地翻动或搅拌饲料的方法是不可取的。

三、饲料资源的开发

随着畜牧业的发展，我国豆粕、鱼粉等常规蛋白质原料越来越显得紧张，价格也不断攀升。为了解决饲料蛋白质缺乏问题，降低饲料成本，开发新的蛋白质饲料原料迫在眉睫。为了降低饲养成本、配合全价饲料时必须注重蛋白质饲料资源开发和资源严重浪费这两个问题。

（1）扩大植物性蛋白质饲料的来源　植物性蛋白质饲料包括油料饼粕类、豆科籽实类和淀粉工业副产品等，我国配合饲料中使用的主要是油料饼粕类饲料，植物性蛋白质是我国蛋白质饲料的主要来源，具备种类多、来源广、价格便宜等优点。因此，除了加强对现有的植物性蛋白质饲料资源合理开发利用外，还要采取有力措施，扩大其来源。

1）培育优质蛋白源植物品种。培育低毒、高产、蛋白质含量高的棉花、菜籽品种，以及蛋白质含量高的玉米、大麦品种。

2）生产优质豆科草粉。优质豆科草粉的蛋白质含量一般都在14%以上，在饲料中加入优质豆科草粉，可节约一部分蛋白质饲料。同时，还要发掘蛋白质含量高的野生植物资源，如沙棘种子和紫穗槐等。沙棘种子的蛋白质含量一般为26%左右，紫穗槐的蛋白质含量也高达22%以上。我国牧草资源十分丰富，是值得大力开发、成本低的蛋白质饲料资源。

3）大力开发海洋生物资源。我国海洋生物资源极为丰富，海底生长着多种海藻，其中产量较高的有海带、石花菜、紫菜、羊栖菜等。而海藻是海洋中分布最广的生物，从微小的单细胞生物到长达数十米的巨藻，种类繁多。世界海洋中的海藻类有一万多种，有绿藻门、褐藻门、蓝藻门、红藻门等11门，在这些藻体内含有丰富的海藻多糖、蛋白质、脂肪、维生素、矿物质及具有特出功能的生理活性物质，可作为食品、饲料和药物的原料库。用海洋生物制作畜禽动物饲料的研究和应用始于20世纪50年代，我国至今尚未形成相应的海洋生物饲料加工业。

海洋生物营养丰富，含有多种生物活性物质，具有增强机体免疫力、促进生长等生物活性。栽培海洋生物可以改善生态环境，保护水生生物资源。因此，开发海洋生物饲料，促进畜牧业发展正日趋受到广泛重视。

4）从青绿牧草和树叶中提取叶蛋白。青绿牧草和树叶中含有丰富的蛋白质，从中提取的蛋白质产品称为叶蛋白（或称为绿色蛋白浓缩物）。目前，国际上都十分重视这项工作。叶蛋白产品的蛋白质含量一般为45%~60%，此外，还富含多种必需氨基酸。

（2）充分利用动物性蛋白质饲料资源　动物性蛋白质饲料营养价值高，其中蛋白质、矿物质元素与维生素含量高，糖含量低，氨基酸种类较多。动物性饲料产品的粗蛋白质含量一般在50%~60%，且氨基酸组分比较平衡，价格比鱼粉便宜，因而是畜禽重要的蛋白质饲料来源，在蛋白质饲料资源原本不足的条件下，动物性饲料资源的开发和利用对节约我国蛋白质资源具有非常重要的意义。

我国的动物性蛋白质饲料十分匮乏，每年只能生产少量鱼粉、血粉、肉骨粉等动物性蛋白质饲料，目前主要依靠从国外进口大量鱼粉来补充蛋白质饲料的不足。其中秘鲁、智利等国家以沙丁鱼、鲱鱼、蓝背丁鱼为主要原料生产的鱼粉质量较好，而我国生产的鱼粉主要以混杂鱼为主要原料，山东、浙江两省产量较高，但与国外鱼粉相比品质较差。因此，应采用新技术、新工艺，开拓动物性蛋白质饲料资源，努力增加动物性蛋白质饲料的生产。

（3）充分利用海洋水产资源　我国沿海有大量可再生的低等贝类和浮游生物，均可以用来生产动物性蛋白质饲料。这是沿海地区解决动物性蛋白质饲料的一种有效途径。

（4）开发利用城市食品工业的下脚料　我国是畜禽生产大国，也是肉品消耗大国，每年因畜禽屠宰而生产的下脚料达上千万吨，尤其是城市人口集中，消费量大，其食品工业的下脚料资源最为丰富，如屠宰厂回收的各种畜禽鲜血；屠宰厂的各种畜禽下脚料、肉屑、肉皮、肉渣、骨头、四肢，肉联厂不能食用的超期肉类；大型屠宰厂、肉联厂和市场上广泛收集的各种家禽羽毛等。利用它们可生产出血粉、肉骨粉及膨化羽毛粉等优质动物性蛋白质饲料，同时也可减少城市环境污染。肠衣下脚料在提取肝素后，蛋白氮含量还很高（猪为47.32%，羊为66.84%），也是一种很有价值的动物性蛋白质饲料。

（5）大力发展昆虫蛋白质饲料　昆虫是地球上种类最多且生物量巨大的生物，其生物量超过其他所有动物（包括人类）生物量的10倍以上。目前，国内外学者发现，昆虫是最具开发潜力的动物性蛋白质饲料资源，大多数种类的昆虫，如蝇蛆、蝗虫、蚕、蛾、蜂、蚁等都可以作为畜禽的饲料应用。而且有些昆虫食物转化率高、繁殖速度快、数量大、蛋白质含量较高，易于饲养。因此，开发昆虫饲料资源，对促进我国畜牧业及饲料工业的发展具有重要的意义。

（6）发展单细胞蛋白饲料　单细胞蛋白是通过培养单细胞生物而获得的菌体蛋白，实际上就是含蛋白质的干菌体，与豆粉相比，单细胞蛋白的蛋白质含量高出10%~20%，可利用氮高出20%，在有蛋氨酸添加时可利用氮高达95%以上。单细胞蛋白不仅含有丰富的蛋白质、脂肪、维生素等畜禽所必需的营养物质，而且生产繁殖快，可利用多种农工业副产品或废弃物作为培养原料，在适宜的条件下，几十分钟到几小时就可繁殖一代，生产单细胞蛋白的原料广泛，方法简单，生产技术高，易于操作，便于推广，节粮省能，蛋白质含量高，不与粮食和牧草争地，不受气候的影响，而且单细胞蛋白产品的氨基酸种类齐全，维生素含量丰富，营养价值高。因此，单细胞蛋白是一种十分重要的动物性蛋白质饲料资源，发展单细胞蛋白饲料，将是开发我国蛋白质饲料资源的一条重要途径。

1）利用食品工业副产物生产单细胞蛋白。在食品工业中，酒精行业的废渣液，味精工业的废水，柠檬酸工业的废水，淀粉工业的粉渣和浸泡水，制糖工业的废丝、废渣，糖醛工业的残渣，均可用于生产酵母类单细胞蛋白，其产品的蛋白质含量一般为 40%~58%，比大豆高 33.3%~50%。

2）以工业产品和废水为原料生产单细胞蛋白。石油二次产品，如甲醇、醋酸、丙酸等，造纸厂的废水、废粉，经发酵和其他处理后，也可成为重要的单细胞蛋白饲料。

3）加强藻类蛋白资源的开发。藻类中可以作为蛋白质饲料的主要有蓝藻类、小球藻等。蓝藻类蛋白质含量较高，一般都在 50% 左右，最引人注目的是螺旋藻，蛋白质含量高达 71%，粗脂肪含量为 7.0%，而且繁殖力强，在 20~25℃ 良好环境下，每小时能成倍增长，每亩（1 亩 ≈667 米^2）每年可产干品 75 千克以上，开发这类单细胞蛋白是十分有意义的。小球藻干体中含有 50% 的蛋白质、丰富的维生素和叶绿素，是一种优质的蛋白质饲料。因培养简便、投资少、见效快，也是一种值得开发的单细胞蛋白饲料资源。

4）加大利用微生物蛋白质资源。微生物蛋白质饲料是一种具有生物活性的蛋白质饲料，蛋白质含量为 20%，能量为 12 兆焦/千克。蛋白质和能量水平大致介于玉米和豆饼（粕）之间，且营养全面，除含有蛋白质、粗脂肪、钙、磷外，还含有大量的有益微生物和 B 族维生素，因此极易被动物体吸收利用，还可有效调节动物胃肠道的微生物区系，增强动物对疾病的抵抗力。

第五章 高产母猪的饲养管理

第一节 仔猪的培育

一、仔猪的生理特点

概括地说,仔猪的生理特点就是生长发育快和生理上的不成熟性。

(1)**生长发育快,物质代谢旺盛** 仔猪出生时,一般体重只有1千克左右,还不到成年体重的1%,而10、30、60日龄时的体重分别达到出生重的2倍、5~6倍、10~13倍或更多(图5-1)。

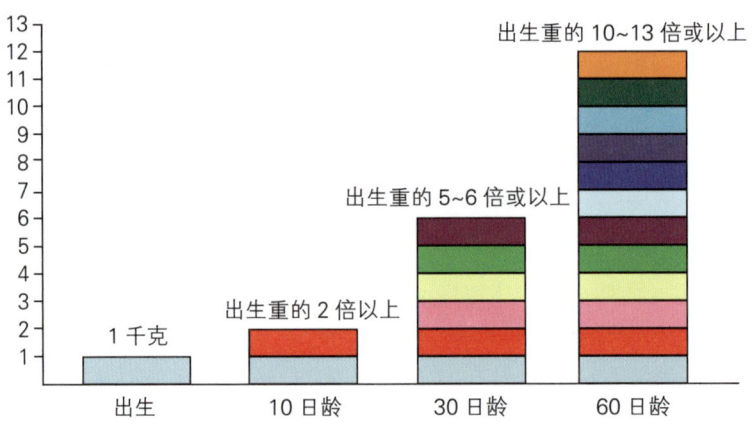

图5-1 仔猪出生后体重增长速度

仔猪出生后的快速生长,是以旺盛的物质代谢为基础的。据测定,20日龄的仔猪,每千克体重每天要沉积蛋白质9~14克,而成年猪只沉积0.3~0.4克,相当于成年猪的30~35倍。所需的能量、矿物质等也都高于成年猪。因此,仔猪对营养不全反应敏感,需供给仔猪全价平衡日粮。

(2)**消化器官不发达,消化机能不健全** 仔猪出生时消化器官的相对重量和容积都较小,均未发育完善,消化腺分泌及消化机能不健全,所以它对饲料质量、形态、饲喂方法和次数等方面的要求与成年猪不同。例如,初生仔猪胃内主要含凝乳酶,胃蛋白酶很少，分泌的胃酸中缺乏游离的盐酸，一般需在35~40日龄时，随着盐酸分泌量的增多，胃蛋白酶才具有消化能力，才可利用植物性蛋白质饲料。

（3）缺乏先天免疫力，容易生病　仔猪在胚胎期由于母猪血管和胎儿脐血管等天然屏障的阻隔，不能从母猪血液中获得免疫抗体，故仔猪出生时没有先天免疫力，只有吃到初乳后，从初乳中得到母源抗体，并逐步产生自身抗体后才获得免疫力。一般仔猪从10日龄开始自身产生抗体，但30~35日龄前数量还很少，10~30日龄是仔猪免疫力抗体的青黄不接阶段，这一阶段由于仔猪已开始吃食，但胃液中缺乏游离的盐酸，对随饲料、饮水进入胃内的病原微生物缺乏抑制作用，因此这段时期仔猪最易出现腹泻等疾病。

（4）调节体温的机能不健全，对寒冷的适应能力差　初生仔猪，特别是出生后1周内，由于皮层较薄，被毛稀疏，皮下脂肪又少，限制了物理性调节温度的作用，再加上大脑发育不健全，不能协调体温的化学性调节。因此，仔猪调节体温的能力十分有限，往往不能维持正常的体温，对寒冷的环境适应力差，易被冻僵，冻死，固有"小猪怕冷"之说。加强对初生仔猪的保温工作，是养好仔猪的特殊护理要求（图5-2）。

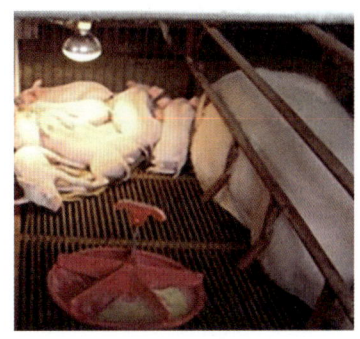

图5-2　刚出生的仔猪应加强保温

二、仔猪的护理与补饲

1. 仔猪的护理

一般母猪产活仔数为10头左右，而断奶成活数多在7~8头。在整个哺乳期死亡2~3头，其中出生后1周内死亡占死亡总数的60%左右。死亡的主要原因是冻死、压死、饿死和腹泻死亡。因此，仔猪出生后1周内的主要管理工作是保温和防压，确保仔猪吃足初乳，固定好乳头，及时补铁，并解决好母猪无乳、寡产、死亡和多产仔猪等一些问题。

（1）吃足初乳，固定乳头　母猪产后几天所分泌的乳汁叫作初乳。初乳中含有丰富的蛋白质、维生素和免疫抗体、镁盐等，具有轻泻作用，能促使胎粪的排除。初乳中的营养物质在小肠内几乎能全部吸收，如果仔猪吃不到初乳则很难成活，所以初乳的作用是常乳无法取代的。

初生仔猪开始吃乳时，常互相争夺乳头，强壮的仔猪往往占据前边奶水充足的乳头，并且有固定乳头吃奶的习性，一旦固定下来，一般到断奶都不更换。为保证全窝仔猪都能均匀发育，可用人工固定乳头的办法，把初生重小、发育较差的仔猪固定在前边几对奶水多的乳头上，这样既可以减少弱小仔猪的死亡，使全窝仔猪发育匀称，又可以防止因仔猪争夺乳头而互相咬架或咬伤母猪乳头。如果仔猪少，乳头多，可让仔猪吮食两个乳头的乳汁，既有利于仔猪，又不留空乳头，利于母猪乳腺的发育；如果仔猪多，乳头少，可采取找"保姆"猪的办法，把多余的仔猪寄养出去（图5-3～图5-5）。

图5-3　从保温箱赶出仔猪吮乳　　图5-4　仔猪自动走出保温箱吮乳　　图5-5　固定乳头

（2）保温御寒，防止压死、压伤　冬、春季分娩的仔猪死亡的主要原因是冻死或被母猪压死。仔猪的适宜温度：出生后1~3日龄为30~32℃，4~7日龄为28~30℃，8~14日龄为25~28℃，15~30日龄为22~25℃。保温措施很多，可根据各地具体条件因地制宜采取保温措施，如调整产仔季节，避开寒冷季节产仔，利用产仔栏产仔（图5-6）；北方如果采取全年产仔制，应设产房，堵塞风洞，增设红外线灯等供热设备、加铺垫草、保持栏舍干燥等。

在普通圈舍产仔，由于初生仔猪活动不灵活，如母猪体大笨重，行动迟缓，产后疲倦，或母性较差等常易压死仔猪。防护措施：保持舍内适宜温度，防止仔猪因为怕冷钻到母猪肚皮底下或垫草堆内而被母猪压死；在产后1周内加强看管，特别是母猪采食或排泄后回去躺卧时要留心；保持环境安静，避免突然音响使母猪受惊而踩压仔猪；可在猪圈内一侧设产仔栏（图5-7）或一角设置简易护栏（图5-8），让母子隔开睡觉。

图5-6　利用产房专用产仔栏产仔　　图5-7　在实体栏内一侧安装产仔栏　　图5-8　简易护栏

（3）及时补铁，滴喂稀盐酸和胃蛋白酶　从仔猪出生后1~2天起开始补铁。其方法：每头仔猪肌内注射150毫克铁制剂（图5-9）；口服铁制剂或涂于母猪乳头上，让仔猪吮食；在 2~3 日龄内，每头仔猪口服 1~2 滴 0.5% 稀盐酸和胃蛋白酶，以避免仔猪贫血，增强仔猪的消化机能和防病能力，提高其断奶体重。

（4）做好防病工作　主要是预防仔猪腹泻。仔猪腹泻多发于出生后 3~7 日龄期间，尤以 7 日龄以内黄痢最为严重，死亡率较高。引起的原因比较复杂，如天气骤变，温度变化大；乳汁过浓，脂肪含量过高不易消化；母猪饲料突然变化引起乳汁改变；栏舍潮湿，不卫生；供水不足或饮脏水、尿液等。应根据致病原因及早采取预防、治疗措施（图 5-10）。

2. 初生仔猪的寄养和人工补乳

（1）初生仔猪的寄养　如果母猪产后无乳或因故死亡，或活产仔数超过乳头数，这时需要进行仔猪的寄养。在仔猪寄养过程中容易出现两种情况，必须处理好。

第一种情况是寄养仔猪不吮"保姆"猪的乳头。这种情况常发生于仔猪出生数天后的寄养，办法是把寄养仔猪隔离母乳 2~3 小时，等到仔猪感到非常饥饿时，就会自己寻找"保姆"猪的空余乳头吮乳。但也有宁死不吮"保姆"猪乳的仔猪，这样可强制其吮乳，即当"保姆"猪放乳时，把"保姆"猪空余乳头放在仔猪嘴里，挤乳给仔猪吃，重复数次后，仔猪就会自动吮乳（图 5-11）。

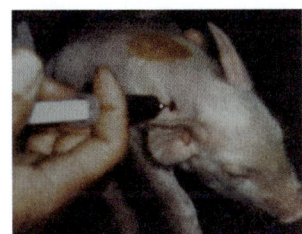
图 5-9　注射铁制剂

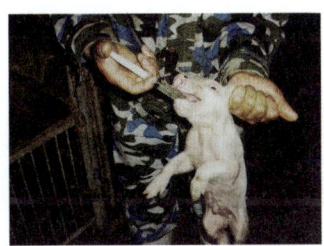
图 5-10　服药预防仔猪腹泻

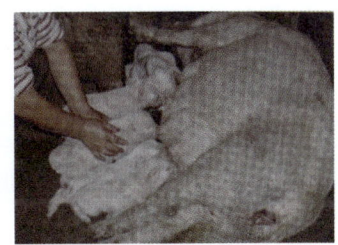
图 5-11　给寄养仔猪进行人工辅助哺乳

第二种情况是"保姆"猪不让寄养仔猪吮乳，办法是把"保姆"猪产仔时的胎衣、羊水或垫草、尿液擦在仔猪身上；也可把"保姆"猪生的仔猪与寄养仔猪放在一起 2~3 小时；还可以用少量白酒或酒精喷入母猪鼻孔和喷到仔猪身上，都能干扰母猪嗅觉辨别能力。

（2）初生仔猪人工补乳　若找不到"保姆"猪，可人工补乳。其方法：用易消化、营养与母乳相似的原料配制成代乳品，将代乳品装入容器内，安上假乳头，引诱仔猪吮乳，或装入特制的容器内，诱其饮用（图 5-12）。常用的代乳品

图 5-12　人工哺乳

配方有①鲜牛奶或羊奶 1000 毫升、葡萄糖或蔗糖 60 克、硫酸亚铁 2.5 克、硫酸铜和硫酸镁各 20 克、碘化钾 0.02 克，煮沸后冷却至 50℃时，打入鸡蛋 1 个，加入鱼肝油 1 毫升、土霉素粉 0.5 克、多种维生素 0.1 克，搅匀后立即补乳。②炒小麦粉 50%、炒大豆粉 17%、淡鱼粉或蚕蛹粉 12%、脱脂奶粉 10%、酵母粉 4%、胃蛋白酶 1%、葡萄糖或蔗糖 4%、骨粉 1%、食盐 0.5%、微量元素 0.5%，补乳时用热水调成乳状，滴 1~2 滴鱼肝油、稀盐酸，加入适量多种维生素、土霉素。③乳豆 500 克、淡鱼粉或蚕蛹粉 100 克、酵母粉 50 克、葡萄糖或蔗糖 100 克、胃蛋白酶 5 克、生长素 10 克、氯化胆碱 1 克、乳康生 5 克、多种维生素 1 克、温水 2000 毫升，打入鸡蛋 1 个，滴入鱼肝油 7~8 滴、稀盐酸 2~3 滴，混匀后即补乳。

代乳品补乳的时间和数量：开始每 1~2 小时 1 次，每次 40~50 毫升；5 天后每 3 小时 1 次，每次 250 毫升，晚上 2~4 小时 1 次，每次 50~300 毫升。补乳时要根据仔猪的吮乳规律，采用少给勤补的办法，保证补乳容器及假乳头的清洁卫生，保持人工乳适宜的温度。

3. 仔猪的补料

（1）补料时间　母猪的泌乳量在产后 3 周达到高峰，以后逐渐减少，而仔猪随体重的增长对营养的需求不断增加，如果不及时补料，就会阻碍仔猪的生长发育，因此要提早给仔猪补料。一般从 7~10 日龄开始诱导开食，以便母猪泌乳量下降时仔猪能习惯按时采食。

（2）补料方法

①设补料间或补料栏。补料间或栏内要清洁卫生，光照充足，温度适宜，内设长、高适宜的饲槽；补料栏要靠近母猪饲槽，出入口多且母猪进不去。

②诱导仔猪采食。仔猪 6~7 日龄后开始长牙，牙床发痒，这时仔猪爱拱咬地面上的东西，特别喜欢咬垫草、饲槽等较坚硬的东西，可以利用这一特点来诱导仔猪开食。方法是在补饲间或栏内地面上撒一些炒得焦香的熟玉米、熟高粱、熟小麦等让仔猪拱食，2 周龄后逐渐换成配合饲料。饲料要香甜适口、营养全面、品种稳定、容易消化（图 5-13）。

③合理饲喂。为使仔猪消化道有规律地活动，促进消化液的分泌，提高仔猪的消化能力，要采取定时定量的办法来补料。一般开始补料时每天 3~4 次，待仔猪学会吃料后，即可逐渐增加到每天 5~6 次，或采取自由采食的办法。

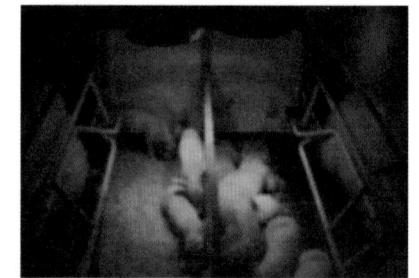

图 5-13　诱导仔猪开食

饲料以干粉料、颗粒料为好。在一般情况下，一个哺乳期每头仔猪需全价配合料为 12~15 千克，其中绝大部分用于 45~60 日龄阶段。

仔猪不同日龄的补料量：20~30 日龄为 100 克 / 天；30~40 日龄为 150~200 克 / 天；40~50 日龄为 300~400 克 / 天；50~60 日龄为 600~800 克 / 天。

4. 仔猪饲料的配制

若补料顺利，仔猪在 3 周龄即开始大量采食饲料，这时仍用玉米或高粱粒等谷实类饲料，就不能满足仔猪对各种营养的需要，必须改用全价配合饲料。配合饲料要求高能量、高蛋白质、营养全面、适口性好、容易消化。具体配合要求：能量高，配合饲料含消化能 12.97 兆焦 / 千克以上，糠麸类占配合饲料的比例在 10% 以内，饼粕类和动物性饲料占 90% 左右；蛋白质水平要高，品质要好，配合饲料中粗蛋白质含量不低于 18%；应包含 1.5% 的贝骨粉（贝壳粉占 2/3，骨粉占 1/3）和 0.3%~0.5% 的食盐。配合饲料中掺入复合维生素和微量元素添加剂能显著提高增重和饲料转化率。下列饲料配方（表 5-1）可供参考。

表 5-1 仔猪饲料配方

项目		仔猪体重/千克						
		1~5		5~10		10~20		
饲料原料（%）	全脂乳粉	20	20			13.5		
	脱脂乳粉				10			
	玉米面	15.3	11	43.5	13	59	54.3	59.5
	小麦面	28.2	20		22			
	高粱面		9	10	10	10	7.8	6.2
	小麦麸			5			6	5
	秣食豆				1.5			
	豆饼粉	22	18	20	20	21	21	23.7
	鱼粉	8	12	7	12	7.5	8.3	3.3
	酵母粉	4	4	2	4			
	白糖		3.5		3.5			
	碳酸钙	1	1.5	0.1	1.5		0.3	0.49
	磷酸钙							0.65
	食盐				0.4		0.3	0.4
	淀粉酶	1	0.2					
	胃蛋白酶				0.3			

（续）

项目		仔猪体重/千克						
		1~5		5~10		10~20		
饲料原料（%）	胰蛋白酶	0.5						
	微量元素添加剂			1		1		
	维生素添加剂			1		1		
	矿物质-维生素混合		0.5		0.5	1		0.76
营养水平	混合补料干物质（%）	91.90	93.12	90.10	95.14	—	89.23	88.90
	消化能/(兆焦/千克)	15.271	15.564	13.60	15.564	14.22	13.514	13.723
	粗蛋白质(%)	25.2	26.3	22.0	27.1	20.7	20.2	18.0
	钙(%)			0.97			0.63	
	磷(%)			0.62			0.58	

5. 仔猪饮水

为帮助仔猪消化乳汁和饲料，防止口渴时饮污水，从仔猪3~5日龄起，水槽内要保持有清洁的饮水，让仔猪自由饮用。水槽要经常洗刷，保持清洁卫生。

三、仔猪的断奶

1. 断奶时间

仔猪的断奶时间，应根据猪场的性质、猪的品种、仔猪用途及体质强弱、母猪的膘情和泌乳量的高低，以及母猪利用强度和饲养条件等灵活掌握。例如，有的母猪膘情不好，泌乳量比较低，如果不及时断奶，对母猪的健康和仔猪的发育都不利，这样的母猪应早断奶；若母猪的膘情好，泌乳量较充足，则可稍晚一些断奶；准备留种的也可晚一些断奶；育肥的仔猪则可以适当提前断奶。我国一般养猪场和广大农村多采用45~60日龄断奶（常规断奶），也可提前到28~35日龄断奶（早期断奶）。早期断奶可提高母猪的利用率，增加其年产仔数，但必须给仔猪创造良好的环境条件，如在高床上饲养，使仔猪不与粪尿接触；给予适宜而稳定的温度；饲喂营养全面、易消化的饲料等。无条件的可采用常规断奶法。

2. 断奶方法

从断奶过程上看，仔猪断奶方法主要有三种。

（1）一次性断奶法 一次性断奶法即当仔猪达到预定断奶时间时，果断迅速地将母仔分开实行同时断奶。这种方法简单，操作方便，省工省力，主要用于生长发育均匀、正常、健康的仔猪。为防止仔猪和母猪一时无法适应突然断奶的刺激，应于断奶前3天开始减少母猪精饲料和青饲料的饲喂量,并加强对母猪和仔猪的护理工作。

（2）分批断奶法　分批断奶法即根据仔猪的发育情况、食量和用途分别先后陆续断奶。一般对发育好、食欲强、拟用于育肥的仔猪先断奶,而体格小、拟留作种用的后断奶,适当延长哺乳期。此方法费工费力,母猪哺乳期较长,但能较好地适用于生长发育不平衡或寄养的仔猪。

（3）逐渐断奶法　逐渐断奶法是逐渐减少哺乳次数的断奶方法,即在仔猪预定断奶日期前4~6天,将母仔分开饲养,常将母猪赶出圈舍,定时放回哺乳,哺乳次数逐天减少直至断净。此方法比较安全可靠,可减少对母仔的刺激,适用于不同情况的母猪。

3.断奶仔猪的饲养

仔猪断奶后往往由于生活条件的突然改变,表现出食欲不振,增重缓慢甚至减重,尤其是补料晚的仔猪更为明显。为了过好断奶关,要做到饲料、饲养制度及生活环境的"两维持"和"三过渡"。即维持在原圈培育并维持原来的饲料,做到饲料、饲养制度和环境条件逐渐过渡。

（1）饲料过渡　仔猪断奶后,要保持原来的饲料半个月内不变,以免影响食欲和引起疾病。半个月后逐渐改喂育成猪饲料。

断奶仔猪正处于身体迅速生长的阶段,需要高蛋白质、高能量和含有丰富的维生素、矿物质的饲料。应限制含粗纤维过多的饲料,注意添加剂的补充。

（2）饲养制度过渡　仔猪断奶后半个月内,每天饲喂的次数应比哺乳期多1~2次。主要是加喂夜餐,避免仔猪因饥饿而不安。每次的饲喂量不宜过多,以七八成饱为度,使仔猪保持旺盛的食欲。

适口性好的饲料有利于增进仔猪的食欲。炒熟的黄豆、豌豆等具有浓郁的香味,可以将其粉碎后作配料改善饲料的适口性。碎米、玉米等谷实类饲料经过煮熟和浸烫糖化,可改善适口性。还可利用糖精、甜叶菊等甜味剂改善饲料的口味。此外,采取熟料生料结合饲喂的方式,也能增进仔猪的食欲。

仔猪采食大量饲料后,应供给清洁的饮水,以免供水不足或不及时,致使仔猪饮污水或尿液而造成仔猪下痢。

（3）环境条件过渡　断奶后的最初几天,仔猪常表现精神不安、尖叫、寻找母猪。为了减轻仔猪的不安,最好仍将仔猪留在原圈饲养一段时间（图5-14）,也不要混群并窝。到断奶半个月后,仔猪的表现基本稳定和正常时,方可调圈并窝。在调圈分群前3~5天,使仔猪同槽采食,一起运动,彼此熟悉。然后再根据性别、个体大小、采食快慢等进行分群,每群多少视猪圈大小而定。应让断奶仔猪在圈外保持比较充足的运动时间，圈内也应清洁、干燥、冬暖夏凉（图 5-14、图 5-16），并且进行固定地点排泄粪尿的调教。

图 5-14　断奶后仔猪宜留在原圈饲养 2 周

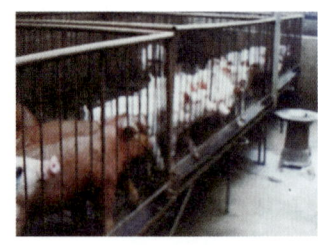

图 5-15　冬季保育猪舍生火炉取暖

图 5-16　夏季保育猪舍通风降温

（4）添加抗生素　饲料中按规定标准加入抗生素，能够增强抵抗疾病的能力，促进猪的生长发育，一般常用的抗生素有金霉素、土霉素等。用量按猪的大小、饲料类型和卫生条件而定。仔猪每吨饲料添加抗生素 40 克；僵猪每吨饲料添加抗生素 50~100 克，发育正常后降低到正常水平。抗生素应连续使用，如果仔猪断奶后停喂，反而容易发生疾病。

（5）微量元素的应用　微量元素的需要量很少，但对猪的生长发育影响很大。据试验，微量元素中，铜有较突出的促生长作用。每吨配合饲料中添加 30~200 克铜，可使猪保持较高的生长速度和饲料转化率。通常使用的是易溶于水的硫酸铜和氧化铜。市场上出售的生长素，不仅含有适量的铜，还含有适量的铁、锌、锰等微量元素。买回的生长素，要严格按照使用说明用量饲喂，超量饲喂会引起仔猪中毒。

四、仔猪的免疫与驱虫

适时做好免疫接种，是增强仔猪免疫力、减少发病率和死亡率、提高成活率和断奶窝重的重要一环，是保证猪群健康的关键措施之一。通常在 1 月龄进行猪瘟、猪丹毒、猪巴氏杆菌病和仔猪副伤寒疫苗的预防注射。要严格按免疫程序逐头免疫。在 50~60 日龄肌内注射 5% 左旋咪唑（每千克体重 10 毫克）一次，以驱除猪体内寄生虫（如蛔虫等）；注射 0.1% 亚硒酸钠溶液 1~2 毫升/头，以预防仔猪水肿病。此外，为预防仔猪红痢，在母猪分娩前一个月、半个月各注射仔猪红痢疫苗一次（图 5-17、图 5-18）。

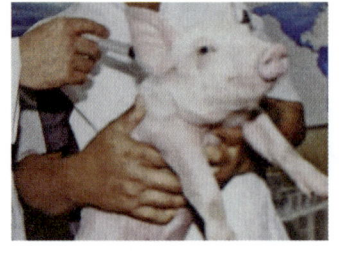

图 5-17　接种疫苗

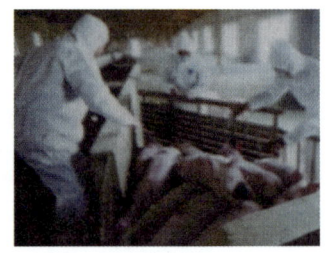

图 5-18　进行驱虫

第二节 育成母猪的饲养管理

一、育成母猪的选择

从断奶到 4 月龄是种猪的育成阶段，在仔猪断奶后，选出一部分好的个体留作种用。对育成猪的选留是十分重要的，它关系到以后种用价值和一个猪群的质量。

选留种用育成猪要在第二胎以后，先进行窝选，然后在其中选择。即从体大结实、外形好、产仔多、泌乳量足的母猪窝里挑选，入选者应是窝内长得最快、体重最大、没有缺陷的个体，同时还要兼顾仔猪的父本情况。断奶时，育成母猪可按预留数量的 2~3 倍选留。

选留种用育成猪一般多在春季。因为春季气候温和，阳光充足，青饲料容易获取，好饲养。秋季留种也可以，但要注意解决冬季寒冷和饲料单调等问题。

二、育成母猪的饲养管理特点

育成猪仍处于强烈的生长发育时期，是骨骼肌肉的加速生长阶段，消化机能和抵抗力还没有发育完全，如果饲养管理不当，就会引起育成猪生长发育停滞，形成僵猪，甚至患病或死亡。

饲养育成猪的主要任务是保证育成猪的正常生长，减少和消除疾病的侵袭，育成健壮结实、符合标准的后备猪。

三、育成母猪的饲养管理要点

在母猪育成阶段，需要用精饲料量较多的高能量、高蛋白质饲料。为促进育成猪的肌肉、骨骼迅速生长，必须充分供给蛋白质、维生素、矿物质等营养物质，饲料中粗蛋白质含量不应少于 16%，以 18% 为宜，同时应限制含粗纤维和碳水化合物过多饲料的喂量，以免影响育成猪的消化或使仔猪早期过肥、体格长不大，饲料的消化能宜在 12.55~14.64 兆焦/千克。为保持饲料的相对稳定，可配制基础日粮，饲料配方可参见表 5-2，并可根据体重的变化添加补充料进行调整。

表 5-2 育成猪日粮配方

项目	玉米（%）	高粱（%）	豆饼（%）	小麦麸（%）	豆科牧草（%）	贝壳粉（%）	食盐（%）
数据	40	20	20	11	7	1.5	0.5

注：维生素、微量元素添加剂另外添加，占精饲料的 0.5%~1%。

对育成猪的管理，关键要做好饲料、饲养制度和饲养环境的过渡。

另外，育成猪应有充分的运动和日光浴，夏季尽可能每天放牧饲养 4~6 小时，冬季天晴时室外运动 2 小时。

猪舍内应保持干燥清洁、冬季温暖，勤换勤晒垫草，并加强定点排泄的调教，使猪养成不尿床的习惯。如果圈舍密度太大或太小，也会引起排泄行为紊乱，只要圈舍保持干燥和厚铺垫草，又有适宜大小的群体，在一般能保温的猪舍内，冬季可以不生火增温，也可成功地养好育成猪。

第三节　后备母猪的饲养管理

仔猪 4 月龄到初次配种前是后备猪的培育阶段。培育后备猪的任务是获得体质健壮、发育良好、具有品种典型特征和高度种用价值的种猪。

一、后备母猪的选择

根据猪的体形外貌、生长发育、性成熟表现、乳头发育情况、外生殖器官的好坏、背膘厚薄等性状进行后备母猪的选择。要求母猪发育良好，符合品种特征，乳头发育整齐、有效乳头在 12 个以上，淘汰有异常乳头（内翻乳头、瞎乳头、小乳头）的个体；外生殖器发育正常；后躯要宽大。配种前要淘汰发情缓慢或因繁殖疾病而不能种用的母猪。

在母猪后备阶段，要经历 4 月龄、6 月龄、8 月龄 3 次选择。4 月龄选择时主要是结合本身发育，以 2~4 月龄的平均日增重为主，当时的体重为辅，再结合其同胞的日增重及体重（要高于全群均值），参考亲代表现，淘汰那些生长发育不良、不符合要求的个体。一般要留下 50% 左右；6 月龄选择时，根据猪的体形外貌、生长发育、性成熟表现、外生殖器官的好坏等性状进行选择；8 月龄选择时，根据 6~8 月龄的平均日增重，结合体长与生产性能发挥有关的外形及健康状况，再选留一次，淘汰个别性器官发育不良的后备种母猪。

二、后备母猪的培育

应根据后备母猪的生长发育规律和目标要求进行定向培育。尤其是 3~5 月龄前要特别注意保持较高的蛋白质水平和较好的蛋白质品质，给予较优厚的饲养，使骨骼和肌肉都能得到充分发育；以后可以适当减少精饲料量，增加青粗饲料的供给，但总的营养水平不应降得过多；而在配种前再给予较高的营养水平，施行"短期优饲"。

采取这样的饲养方式，后备母猪既可以充分发育，体质结实而又不过肥。应当避免在后备母猪生长强度大的前期供给精饲料过少，尤其是蛋白质水平低，形成"吊架子"，而后期又单纯为了达到体重指标，增加精饲料量，这样做体重可能达到指标要求，但因前期发育受阻，骨骼和肌肉发育差，结果育成的后备猪体躯短粗、肥胖，体质也不结实，降低或失去了种用价值。培育后备母猪时，必须多喂些优质的青绿多汁饲料和适量的优质干草粉，以促进骨骼、肌肉的发育，并能增大母猪胃肠的容积。以适应将来哺乳仔猪时食量大的需要。培育后备母猪的日粮营养水平可比后备公猪的日粮营养水平低些。后备母猪的饲养方案及日粮结构见表5-3、表5-4。

表5-3 后备母猪的饲养方案

月龄		2	3	4	5	6	7	8
预计体重/千克	大型品种	20	30	45	60	80	100	130
	中型品种	15	25	35	50	65	80	100
	小型品种	10	20	30	40	50	60	80
干饲料日饲喂量占体重的比例（%）			5.0	4.5	4.0	3.5		3.0
粗蛋白质（%）			17		14			13
日喂次数			5	4	3	3		3

表5-4 后备母猪的日粮结构

饲喂方式		自由采食		限制饲养	
饲料种类	玉米、高粱（含粗蛋白质8%）（%）	30	30	67.5	10
	麦类（含粗蛋白质12%）（%）	30	30	10.0	10
	薯类（含粗蛋白质3%）（%）				40
	苜蓿干草（含粗蛋白质17%）（%）	30	25	5.0	20
	豆饼（含粗蛋白质36%）（%）	10	15	17.5	20

注：维生素、矿物质添加剂另外添加。

在对后备母猪的管理上，要加强运动（图5-19），注意观察和记录后备母猪的初情期和发情表现，结合对猪体的刷拭，多接近后备母猪，做到人猪"亲和"，使后备母猪性情温顺，便于以后预防注射、配种、接产和哺育仔猪等生产环节的管理。

图5-19 加强后备母猪的运动

三、后备母猪的适时配种

母猪性成熟期为 5~8 月龄，随品种、气候和饲养管理条件变化而有所不同。后备母猪达到性成熟后，虽然有繁殖能力，但由于本身仍在比较迅速地生长发育，若此时就开始配种，不仅阻碍它的生长发育，降低其将来的生产性能，而且其后代瘦小、体弱的个体多，死胎也多。当体重达到成年体重的 50%~60% 时才合适配种。一般地方品种为 5~6 月龄，引进品种和培育品种为 8~12 月龄。

第四节 妊娠母猪的饲养管理

一、母猪妊娠期的胚胎发育

妊娠期胚胎的生长发育具有一定规律。在妊娠初期，受精卵在输卵管时期呈游离状态，以后向子宫方向移动，通过孕酮的作用，受精卵附植于子宫角上，并在周围形成胎盘，这个过程需要 12~24 天。受精卵在第 9~13 天的附植初期，易受各种因素的影响而死亡，这是胚胎死亡的第一个高峰期。到妊娠后 3 周，又有少量胚胎死亡。妊娠后 60~70 天，胎盘停止生长，而胎儿此时生长发育的速度加快，胎儿与胎盘在生长发育上产生矛盾，胎儿得不到充足的营养，又有部分胎儿死亡。故一般母猪排出的卵子，约一半能在分娩时成为活的仔猪。妊娠越接近后期，胎儿生长越快。据测定，初生仔猪的体重，约 60% 是在妊娠最后的 20~30 天增长的，所以加强母猪在妊娠末期的饲养管理是保证胎儿生长发育的关键。据研究，影响胚胎死亡的因素很多，如遗传、排卵数与子宫容积、子宫感染、体格大小、胎儿在子宫角内的位置、激素等。对于遗传因素造成的死亡，目前还无法挽救。但通过合理的饲养管理，还是可以减少一些胚胎死亡的。例如，在夏季，妊娠的前 3 周保持环境凉爽，可以减少胚胎的死亡。

妊娠期内母猪的身体变化也是有规律的，如胎儿发育时，母体内可产生垂体前叶生长激素，这种激素对母体本身的蛋白质合成有促进作用；胎儿的生长发育必须依靠母体供应营养，因此母猪过肥过瘦都可影响胎儿。母猪在妊娠期间，前期比后期增重多。妊娠前期受激素的影响，代谢率上升，处于"妊娠合成代谢"状态，母猪表现为背膘增厚。到妊娠后期，由于胎儿发育迅速，而胎儿合成代谢的效率又低，要消耗大量的能量，加上母猪腹腔容量变小而降低了采食量，摄入的营养满足不了支出的营养需要，势必动用妊娠前期贮存的营养，因此妊娠后期处于"降解代谢"状态。

二、母猪妊娠期营养水平的控制

母猪在妊娠期的营养水平要根据其生理变化而调整。

1. 母猪妊娠期的两个关键时期

（1）**第一个关键时期是在母猪妊娠后的 20 天左右**　这个时期是胚胎逐渐形成胎盘的时期。在胎盘形成前，胚胎容易受到环境条件的影响，在饲养管理上要给予特殊的照顾。如果日粮中营养物质不完善或饲料霉烂变质，就会影响胚胎的生长发育或发生中毒而死亡。如果饮冰水或摄入冰冻饲料，母猪易发生流产，并且有时还不易发现。因此，妊娠初期的第 1 个月，应给予营养全面的日粮。至于日粮的数量，因为这个时期胚胎和母猪体重的增加较缓慢，不需要额外增加。

（2）**第二个关键时期是在母猪妊娠期的 90 天以后**　这个时期胎儿生长发育和增重特别迅速；母猪同化能力强，体重增加很快，所需营养物质显著增加。另外，由于胎儿体积增加迅速，子宫膨胀，消化器官受到挤压，消化机能受到影响。因此，这个时期要逐渐减少青粗饲料，增加精饲料、特别是增加含蛋白质较多的饼粕类饲料，最好增加一部分动物性饲料。这样，才能满足母猪体重和胎儿生长发育迅速增长的需要，又适应消化器官处在非常时期的特点。为做好保胎工作，严禁喂冰冻饲料和饮冰水。

2. 妊娠母猪的日粮

如果母猪在妊娠期内从日粮中得到的营养物质不全面或数量过少，不仅胚胎生长发育受影响，而且贮备的营养也少，对初产母猪来说，还会影响自身的生长发育。

妊娠母猪的日粮中的能量可适当地控制，这样既可以防止胚胎早期死亡，保持有较多的产仔数，又可使仔猪有较大的初生个体重。在限制能量水平的前提下，日粮中的蛋白质可保持在 13%。日粮中蛋白质供应充足，母猪产仔多，仔猪初生重大，死胎、弱胎大大减少。鱼粉含必需氨基酸多而完全，有条件应注意供给。初配妊娠母猪由于自身还在生长发育，对蛋白质的需要比成年妊娠母猪高 1/5~1/3。矿物质是保证母猪身体健康、胎儿生长发育所必需的，在母猪妊娠期间必须补充常量和微量元素，以保证母猪能产出更多、更健壮的仔猪。维生素是保证母猪健康和促进胎儿生长发育所必需的营养物质，缺乏时会使母猪繁殖机能下降、产仔数减少、仔猪畸形等。因此，常年不断地供应青绿多汁饲料是十分必要的，当冬季和早春青绿多汁饲料供应不足时，可考虑补充多种维生素成品。

青贮饲料酸度大，有一定的刺激性，妊娠中期应少喂，妊娠后期应不喂。酒糟中仍残留有一定量的酒精，也不要饲喂妊娠中后期的母猪，以防引起母猪死胎、流产等。

3. 妊娠母猪的饲养方式

根据妊娠母猪的体况和生理特点，以及胚胎生长发育的规律，一般采用三种饲养方式。

（1）**"抓两头带中间"的饲养方式**　这种方式适合于配种时较瘦弱的经产母猪（图

5-20）。一般在母猪妊娠后 20~40 天，适当增加含蛋白质较多的精饲料，使母猪尽快恢复体力。妊娠中期（41~90 天），由于胚胎生长发育和母猪的体重增加较慢，日粮可改为质量较好的青、粗饲料为主，不会有多大影响。到妊娠后期（91~114 天），胎儿生长非常迅速，母猪本身需要的营养物质也多，此时应把精饲料增加到最大量。这样，在整个妊娠期间就形成了一个"高—低—高"的营养水平。妊娠后期的营养水平要高于妊娠前期。

（2）"步步登高"的饲养方式　这种饲养方式适合于初产母猪和繁殖力特别高的母猪（图 5-21）。因为初产母猪不仅要维持胚胎的营养需要，而且还有自身生长发育的营养需要。繁殖力高的母猪不仅胚胎需要的营养多，而且还要为泌乳做好充分地贮备。因此，整个妊娠期内的营养水平，是随胚胎的发育和母猪的增重而逐步提高的，到妊娠后期增加到最高水平。妊娠初期，质量好的青粗饲料可多些，以后逐渐增加精饲料的比例，整个妊娠期间应注意蛋白质和矿物质饲料的供给，到产前 10 天日粮可适当减少。

（3）"前粗后精"的饲养方式　这种饲养方式适用于膘情较好的经产母猪。因为妊娠前期胚胎发育慢，母猪膘情又好，且母猪处于"妊娠合成代谢"状态，不需要另外增加营养，日粮以青、粗饲料为主。到妊娠后期，为满足胚胎迅速生长的需要，且母猪又处于"降解代谢"状态，因此，应适当增加部分精饲料（图 5-22）。在整个妊娠期间形成了"低—高"的营养水平。

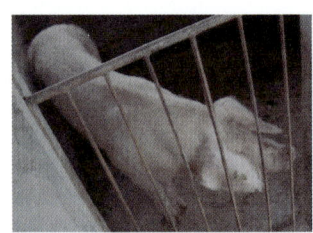  

图 5-20　体瘦、膘情差的母猪　　图 5-21　"步步登高"饲养模式　　图 5-22　妊娠后期应增加精饲料

4. 妊娠母猪的饲养技术

必须确保妊娠母猪的饲料质量，饲料的种类不能频繁变换或突然改变。日粮有一定体积，可使母猪有饱腹感，又不会压迫胎儿。日粮的饲喂量可按每 100 千克体重 1.5~2.0 千克干物质计算。日粮中可适当增加一些麸皮，以防母猪便秘；严禁喂发霉、变质和有毒的饲料；妊娠 3 个月后要限制青绿多汁饲料和粗饲料的供给。提倡喂稠粥料，也可喂干粉料，但必须有充足的清洁饮水。一般妊娠前期每天喂 2 次，妊娠后期每天喂 3 次。妊娠母猪的日粮配方见表 5-5。

表 5-5　妊娠母猪的日粮配方

项目		妊娠前期	妊娠后期
饲料原料（%）	黄玉米	35	35
	豆饼	5	10
	大麦	5	5
	麸皮	5	5
	粉渣	20	20
	青贮饲料	30	25
每天每头饲喂量/千克		5.0	5.88
折风干饲料量/千克		2.0	2.5
消化能/兆焦/千克		22.34	28.91
可消化粗蛋白质/克		169	241

三、妊娠母猪的管理要点

母猪妊娠期的管理工作也很重要，其中心任务是保胎，防止母猪流产。

（1）注意运动　母猪妊娠后，一般吃得多、贪睡，开始要让它吃好、休息好，少运动。一个月后要适当运动（图5-23），以增强体质，并有利于胎儿的正常生长发育和防止难产。

（2）猪舍冬暖夏凉　母猪舍适宜的温度是15~20℃，温度在5℃以下时，圈内要铺垫草，尤其是水泥地面容易使母猪受寒而流产，要特别注意。

（3）严禁追打　禁止追赶或持鞭抽打，以免造成流产。

（4）实行单圈饲养　在妊娠前期一个圈内可养2~3头母猪，小圈饲养（图5-24），但要注意每头母猪的体重、年龄、性情和妊娠期要大致相同，防止咬架。到产前1个月以单圈饲养为宜（图5-25）。

图 5-23　妊娠母猪要适当运动

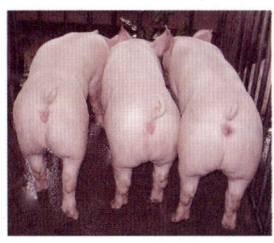

图 5-24　妊娠前期母猪小圈饲养

图 5-25　妊娠母猪单圈饲养

（5）圈内要干燥　圈内地面要平坦、清洁、干燥，不可过滑或过于泥泞。

（6）做好疾病防治　防治疾病，以免由于高烧、体表奇痒等原因而造成流产。

第五节 哺乳母猪的饲养管理

一、接产前的准备

为使母猪的分娩更加顺利,得到健壮的仔猪,产前必须做好充分地准备,以免接产时手忙脚乱。

(1)产房的准备 产房要求温暖干燥、清洁卫生、舒适安静。产前5~7天打扫干净,再用3%~5%苯酚或2%~3%来苏儿等喷洒消毒,墙壁粉刷白灰,地面铺干净的垫草(图5-26)。

(2)用具和药品的准备 记录表格、灯、接产箱、擦布、剪刀、5%碘酊、2%~5%来苏儿、结扎线(泡在5%碘酊中)、电子秤、耳号钳等,要准备齐全(图5-27)。

(3)猪体的准备 要先清洗猪体或擦洗乳房和阴门附近,再用2%~5%来苏儿消毒,产前3~5天转入分娩舍(图5-28、图5-29)。

图5-26 产前消毒产房

图5-27 接产常用用具和药品　图5-28 转群前给母猪洗澡

(4)产前对母猪的护理 对膘情好的母猪在产前3~5天减料,并停止饲喂青绿多汁饲料,以防止乳腺炎或因母猪产后乳汁过浓而使仔猪腹泻。对膘情和乳房发育不好的母猪,反而要加喂一些蛋白质饲料。

(5)母猪的临产征候 临近预产期要注意观察母猪征候,以确定预产期,做好准备工作。

1)产前5~7天,母猪乳房膨大,两行乳头呈"八"字形分开,皮肤紧张,初产母猪的乳房还发红发亮(图5-30)。

2)产前3~5天,母猪的阴唇柔软、肿胀、光滑。

3)产前1天,前面的乳头能挤出乳汁;产前6~10小时,最后一对乳头能挤出乳汁;随后母猪起卧不安,频频排尿,还有衔草做窝行为(图5-31);如果躺卧不动,阴门排出羊水,表明很快就要产仔。

 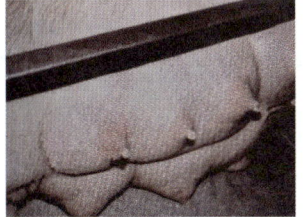 

图 5-29　冲洗消毒后转入分娩舍　　图 5-30　母猪临产前乳房变化　　图 5-31　临产前母猪衔草做窝

二、接产

（1）接产方法　仔猪产出后，要马上用食指抠出仔猪口、鼻黏液，并用毛巾擦净，然后用毛巾将仔猪全身的羊水擦干（图5-32）。擦干羊水，是防止水分迅速蒸发而降低仔猪体温。在剪断脐带前，用手指把脐带里的血往仔猪方向挤，然后在离仔猪腹部5厘米处剪断（图5-33）。用碘酊消毒脐带的断端，3~5天后脐带会自然脱落。若脐带流血不止，应立即用消毒过的扎线扎紧脐带断端。消毒后称重、剪乳牙、断尾、打耳号（图5-34~图5-36）、登记，再将仔猪放进产仔箱里。

（2）仔猪吃初乳　如产仔顺利，产完后可一起让仔猪吃初乳。如果产仔时间拉得过长，可分批让仔猪吃初乳（图5-37）。

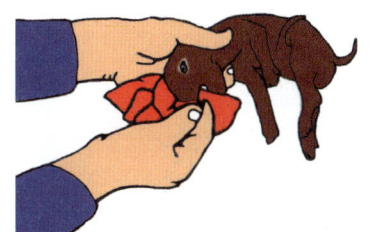 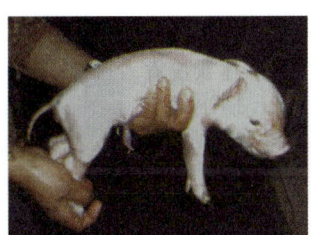 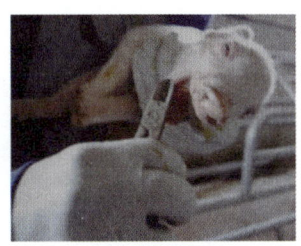

图 5-32　擦拭仔猪口、鼻黏液　　图 5-33　初生仔猪断脐　　图 5-34　仔猪剪乳牙

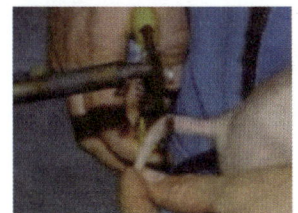  

图 5-35　仔猪断尾　　图 5-36　仔猪打耳号　　图 5-37　让初生仔猪尽早吃初乳

（3）假死仔猪的急救　有的仔猪由于各种原因出生后不能呼吸，但其心脏还在跳动，称为"假死"。对这样的仔猪应进行抢救。抢救方法有以下几种：

1）人工呼吸法。把仔猪放在垫草上，四肢朝上，用手屈伸两前肢，直到仔猪发声。

2）吹气法。向仔猪鼻内和口内用力吹气，促其呼吸。

3）拍打法。提起仔猪的后腿，用手轻轻拍打仔猪的胸部和背部，使其发声（图5-38）。

另外，如果仔猪产出后羊膜还没破裂，应当及时把羊膜撕破。

（4）助产　由于母猪过瘦或过肥等多种原因而发生难产时，需要人工助产。助产的方法：一是推，即用双手托住母猪的后腹部，随着母猪的努责，向臀部方向用适当的力推；二是拉，见仔猪产出时，可用手抓住仔猪的头或腿，随着母猪的努责向外拉；三是掏，可用手（指甲要剪短磨光并消毒）慢慢伸入产道内，先校正仔猪的胎位、胎势、胎向等情况，然后向外掏仔猪，掏后用手把40万国际单位青霉素抹入阴道内，防止母猪患阴道炎；四是注，肌内注射催产素1~2毫升。以上措施均不能解决问题时，找兽医做剖宫产。

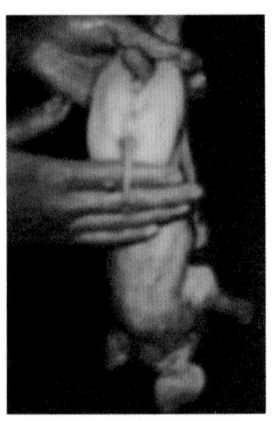

图5-38　假死仔猪倒提拍打抢救法

产仔结束后，用来苏儿或高锰酸钾溶液擦洗阴门和乳房，同时清理产房，换垫草，并训练仔猪固定乳头吃奶。

三、母猪的产后护理

母猪在分娩过程中要损失体液，还要消耗很大的体力，要注意护理。

1）如果分娩时间过长，要喂些稀的热麸皮盐水，补充体力和防止母猪因口渴而吃仔猪。

2）母猪分娩后，身体疲乏、口渴、不想采食，不愿活动，这时可给热麸皮盐水，不可喂给大量的精饲料，防止消化不良或乳汁过浓造成乳腺炎和仔猪腹泻；产后第2~3天根据母猪的情况再逐渐增加精饲料；产后1周左右可进入正常饲养。如果母猪体弱或膘情较差，产后泌乳少或无乳，产后第2天就应增加精饲料，尤其是饼粕类饲料，最好加些鱼粉等动物性饲料。

3）分娩后3~4天，母猪体弱，只可在圈内活动和休息，要特别照顾，天气良好时，可再让母猪到舍外活动。

四、母猪泌乳期的饲养

加强母猪泌乳期的饲养，提高泌乳能力，是增加泌乳量的关键，也培育好仔猪的基础。

（1）预防顶食　母猪在泌乳期内消化力弱，食欲不好，不应多喂精饲料。如喂料过多，不易消化，容易发生"顶食"。顶食后几天不采食，泌乳量突然减少，仔猪吮乳不足，严重时造成死亡。防止顶食的办法主要是产后1周控制精饲料量，喂稀食，要有一定的青饲料，防止便秘。

（2）增加精饲料的供给　母猪在哺乳期，物质代谢比空怀母猪高得多，因此，要增加精饲料的供给，提高营养水平。一般来说，体重为180~220千克重的母猪，以每天每头喂混合料5.5~6.0千克为宜。蛋白质的合理供给对提高泌乳量有着决定性的作用，一般饲料中粗蛋白质的含量应为15%左右。有条件可加喂煮熟的胎衣、小鱼、小虾、鱼粉等；还可加入适量的工业氨基酸，提高蛋白质的生物学价值。矿物质缺乏，也会降低泌乳量，因此，饲料中的骨粉、贝壳粉可占2%或稍多些，食盐可占1%。维生素对泌乳量和乳的品质也是很重要的，应当多喂给青绿多汁饲料。水是乳汁的主要成分，约占80%，因此还要供给充足的饮水。哺乳母猪的日粮配方参见表5-6。

表5-6　哺乳母猪的日粮配方

饲料种类	配合比例（%）	饲料重量及营养含量
黄玉米	40	每天每头饲喂量：6.95千克 折风干饲料量：4.5千克 消化能：60.67（兆焦/千克） 可消化粗蛋白质：573克
豆饼	12	
大麦	5	
高粱	10	
麸皮	8	
粉渣	10	
青贮玉米	8	
鱼粉	7	

注：另外添加骨粉2%，食盐0.5%。

（3）哺乳母猪的饲养方式　对哺乳母猪可采用前精后粗和一贯加强的两种饲养方式。

对于一些体质瘦弱的经产母猪一般采用前精后粗的饲养方式。因为哺乳的头一个月为泌乳旺期，母猪失重也较大，采取前精后粗的饲养方式，既能满足泌乳的需要，也能补偿失重的营养需要。

对初产母猪或哺乳期配种的母猪，则应采用一贯加强的饲养方式。因为初产母猪本身的发育还需营养，哺乳期配种的母猪有泌乳和育儿的双重任务，故整个哺乳期均应保持较高的营养水平。

（4）对母猪无乳或泌乳不足的处理　母猪产后因营养不良或管理不当等，可能会出现无乳或泌乳不足的情况，应及时解决。除了加强饲养管理外，还可喂些小米粥、豆浆、胎衣汤、鱼虾汤、羊奶等进行催奶，或者使用药物催乳。

五、母猪泌乳期的管理

对哺乳母猪的管理，重要的是保护母猪的乳房，防止乳房损伤，如果有损伤，应及时处理。冬季，圈内多铺些垫草，保持其舒适温暖，防止冻伤乳房。每天的工作程序应有条不紊，要保持舍内安静、清洁干燥，使母猪有一个正常的泌乳规律。

根据现有的饲料及饲养管理条件，产后 28~45 天断奶较为适宜。断奶过早，母猪的泌乳高峰尚未达到，仔猪消化机能不强，还不能消化植物性饲料，母猪的生殖器官也没有恢复正常，即使配种受胎率也不会高，胚胎发育也不会好。产后前 3 周配种是不适宜的。

第六节 空怀母猪的饲养管理

母猪从仔猪断奶到再次发情配种这段时间称为空怀期。加强这个时期的饲养管理，就能使母猪正常发情、排出数量多且质量好的卵子，使其多胎、高产。

一、空怀母猪的饲养

加强饲养，使母猪迅速地增膘复壮，是这个时期的主要任务。

（1）短期优饲　对断奶后瘦弱的母猪，可采用"短期优饲"的方法，即在受胎前给予的营养水平高些。因为这样的母猪在断奶后不能正常发情、排卵，短期优饲的目的在于让其较快地恢复膘情，并能较早地发情、排卵并接受交配，优饲的时间大约为 1 个月。

（2）满足营养需要　各种营养供给充分，可使母猪排卵多，卵子发育好，个大、营养全。这样的卵子易受精，受精后也能正常发育。所以，空怀母猪一般要求日粮中蛋白质占 12%，还应补充钙和多种维生素。每头母猪每天可饲喂 4~5 千克多汁饲料或 5~10 千克青绿饲料。应增加过瘦母猪的饲喂次数。对过肥母猪应多喂些青粗饲料，以便拉膘，使其及时发情。

二、空怀母猪的管理

正确地管理也是使母猪及时发情的重要措施。实践证明，阳光、新鲜空气和适当地运动对促进母猪发情和排卵有很大的好处。因此，舍内要清洁、干燥、温暖。膘情好的母猪要增加舍外活动的时间，可进行放牧，既进行了运动，又呼吸到了新鲜空气，还能进行日光浴，这对于母猪的及时发情意义重大。

第六章
高产母猪常见病及防治

第一节 高产母猪传染病的预防与免疫接种

一、预防猪传染病的基本措施

在养猪过程中,常常会发生各种疾病,特别是某些烈性传染病,严重影响猪体健康和生长。因此在发展养猪生产的同时,猪场必须先做好猪病的预防工作。

(1)猪场选址要符合防疫要求 猪场的场址应背风向阳,地势高燥,水源充足,排水方便。猪场的位置要远离村镇、学校、工厂和居民区,与铁路、公路干线、运输河道也要有一定距离。

(2)制定合理的传染病免疫程序 传染病的发病率和带来的损失在各种猪病中占很高比例,它不仅会造成猪的大批死亡和畜产品的损失,而且直接影响人民的生活健康和对外贸易。预防猪传染病最有效的方法之一就是注射疫苗及特定的抗原,按照传染病发生的规律,合理制定免疫接种程序,减少猪群发病,提高疫苗保护率。

(3)加强猪群的饲养管理 加强饲养管理,是做好猪病防治的基础,是增强猪体抗病能力的根本措施。

1)选择优质的仔猪。从无疫地区和无病猪群购进种猪或仔猪,确保无病猪进入猪场,并建立健全隔离制度,保证必要的隔离条件。

2)供给全价饲料。饲料的营养水平不仅影响猪群的生产能力,而且缺乏某些成分可发生相应的缺乏症。所以要从正规的饲料厂购买饲料,注意贮存时间不要过长,并防止霉变和结块。在自配饲料时,要注意原料的质量,避免饲料配方与实际应用相脱节。

3)给予适宜的环境温度。适宜的环境温度有利于提高猪群的生产能力。如果温度过高或过低,都会影响猪群的健康,冷热不定容易导致猪感冒及其他疾病。

4)坚持严格的卫生和消毒制度。坚持定期清理猪舍内外,保持环境清洁卫生,定期对猪舍进行消毒。外来人员一律禁止进入猪舍。饲养人员进舍要更换工作服,喷洒药物或紫外线消毒,洗手。饲养用具要固定使用,不得串换。

5）进行必要的药物预防。

①传染病、寄生虫病。根据疫病易发的季节和猪易发的月龄，可提前给予有效药物，并定期给猪驱虫，达到以防为主、防重于治的目的。

②营养代谢病。按足够的比例在饲料中添加微量元素、维生素等。

二、高产母猪的免疫接种

1. 猪群免疫程序的制定

（1）制定猪群免疫程序应考虑的问题　有些传染病需要多次免疫接种，何时接种第一次，何时再接种第二次、第三次，称为免疫程序。单独一种传染病的免疫程序，见于后面关于本病的叙述；在群猪饲养期内的综合免疫程序，要先根据具体情况确定对哪几种病进行免疫，然后合理安排。制定免疫程序时，应主要考虑以下几个方面的因素：本地区疫病的流行状况及严重程度，猪群类型，母源抗体的水平，猪体免疫应答能力，疫苗的种类，免疫接种的方法，各种疫苗接种的配合，免疫对猪体健康及生产能力的影响等。

（2）中、小型猪场主要传染病的免疫程序　在生产中，一般情况下，中、小型猪场可参考下列免疫程序：

1）猪瘟。

①种公猪。每年春、秋季用猪瘟兔化弱毒疫苗各免疫接种1次。

②种母猪。于产前30天免疫接种1次；或春、秋季各接种1次。

③仔猪。20日龄、70日龄各免疫接种1次；或仔猪出生后未吃初乳前立即用猪瘟兔化弱毒疫苗免疫接种1次，接种2小时后可哺乳。

④后备猪。产前1个月免疫接种1次；选留作种用时立即免疫接种1次。

2）猪丹毒、猪巴氏杆菌病。

①种猪。春、秋季分别用猪丹毒和猪巴氏杆菌病菌苗各免疫接种1次。

②仔猪。断奶后分别用猪丹毒和猪巴氏杆菌病菌苗免疫接种1次。70日龄分别用猪丹毒、猪巴氏杆菌病菌苗免疫接种1次。

3）仔猪副伤寒。仔猪断奶后（30~35日龄）口服或注射1头份仔猪副寒菌苗。

4）仔猪大肠菌病（黄痢）。妊娠母猪于产前40~42天和15~20天分别用大肠杆菌腹泻菌苗（K88+K99+987P）免疫接种1次。

5）仔猪红痢。妊娠母猪于产前30天和产前15天分别用红痢菌苗免疫接种1次。

6）猪气喘病。

①种猪。成年猪每年用猪支原体肺炎疫苗免疫接种1次。

②仔猪。7~15日龄免疫接种1次。

③后备种猪。配种前再免疫接种1次。

7）猪乙型脑炎。种猪、后备母猪在蚊蝇多发季节到来前（4~5月），用乙型脑炎弱毒疫苗免疫接种1次。

8）猪传染性萎缩性鼻炎。

①公猪、母猪。春、秋季各注射1次。

②仔猪。70日龄注射1次。

（3）中、小型猪场寄生虫病的控制程序　在生产中，一般情况下，中、小型猪场控制寄生虫病可参考以下程序：

1）药物选择。应选择高效、安全、广谱的抗寄生虫药。

2）常见蠕虫和外寄生虫控制程序。首次执行本寄生虫病控制程序的猪场，应先对全场猪进行彻底驱虫。

①对妊娠母猪于产前1~4周内用抗寄生虫药驱虫1次。

②对公猪每年至少用药2次；但对外寄生感染严重的猪场，每年用药4~6次。

③所有仔猪在转群时用药1次。

④后备母猪在配种前用药1次。

⑤新购进的猪用伊维菌素治疗2次（每次间隔10~14天）后，并隔离饲养至少30天才能和其他猪并群饲养。

2. 免疫接种的常用方法

不同的疫（菌）苗，对接种方法有不同的要求，归纳起来，主要有口服法、肌内注射法、皮下注射法、皮内注射法、静脉注射法、气雾免疫法等。

（1）口服法　分饮水和拌料两种方法。经口免疫应按猪群头数计算饮水量和采食量，停饮或停饲半天，然后按实际头数的150%~200%量加入疫苗，以保证口服疫苗时，每头猪都能饮用一定量水和摄入一定量的饲料，得到充分免疫。此方法主要用于集约化猪场，其优点是省时、省力，适宜于大群免疫，但每头猪饮（摄）入的疫苗量，不能像其他免疫方法一样准确。另外，应注意疫苗用冷水稀释，最好不要用城市自来水，如必须用则以先接水贮存1天再用，以减少氯离子对疫苗的影响。

（2）肌内注射法　注射部位多选择在臀部和颈部，注射时针头直刺入肌肉2~4厘米深，然后注入疫苗液（图6-1）。肌内注射法的优点是注射方法简便，药液吸收快。其缺点是在一个部位不能大量注射；臀部注射时，如接种不当，易引起跛行。

（3）皮下注射法　注射部位多选择在猪的耳根后方，注射时先用左手拇指和食指捏起局部的皮肤，形成皱褶，右手持注射器将针头刺入皮肤与肌肉之间，然后注入疫苗液（图6-2）。皮下注射法的优点是操作简单，吸收较皮内注射快，大部分常用的疫苗和高免血清均可采用皮下注射法。其缺点是使用疫苗剂量较多。

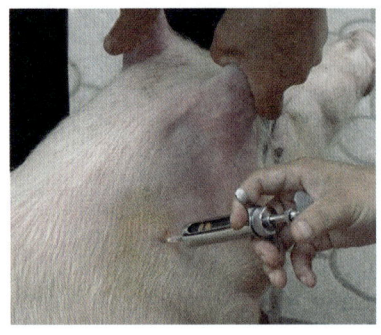
图6-1 肌内注射

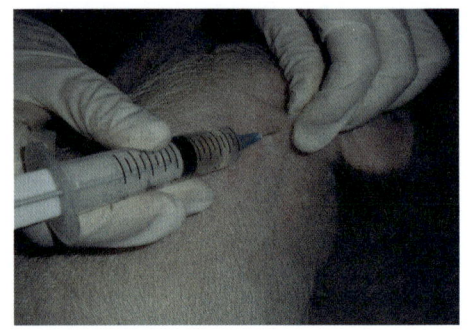
图6-2 皮下注射

（4）皮内注射法　注射部位多选择在猪的耳根后方，一般仅用于猪瘟结晶紫疫苗等少数制品。皮内接种的优点是使用药液少，同样的疫苗较皮下注射反应小，同量药液较皮下注射产生免疫力高；缺点是操作麻烦，技术要求高。

（5）静脉注射法　注射部位多选择在猪的耳静脉（图6-3）。兽医生物药品中的免疫血清除了皮下和肌内注射，均可采取静脉注射，特别是在紧急治疗传染病时。疫苗、诊断液一般不做静脉注射。

（6）气雾免疫法　此方法是用压缩空气通过气雾发生器，将稀释的疫苗喷射出去，使疫苗形成直径为1~10微米的雾化粒子，均匀地悬浮在空气中，通过呼吸道吸入肺内，以达到免疫接种的目的（图6-4）。此方法主要用于集约化猪场，其优点是省时、省力，适宜于大群免疫。其缺点是疫苗用量为注射的2~3倍，有时还会诱发猪的呼吸道疾病。

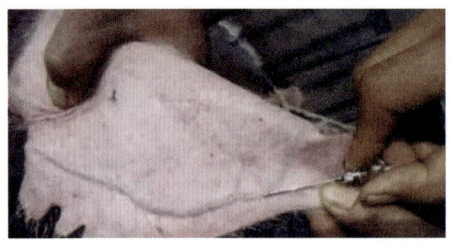
图6-3 静脉注射

图6-4 气雾免疫

气雾发生器由喷头及动力机械组成。喷头有对口式、平等式两种。压缩空气的动力可因地制宜，利用各种气泵或用电动机、柴油机带动空气压缩泵。无论何种动力，都要保持2千克/厘米^{2}以上的压力，才能达到使疫苗雾化的目的。

免疫时，疫苗用量主要根据房舍的大小而定。用量确定后，用生理盐水将其稀释，装入雾化器瓶中，关闭猪舍门窗、排气扇等。操作者将喷头保持与猪头部等高，均匀喷射。喷射完毕20~30分钟后，打开门窗和排气扇。操作人员要注意防护，戴上大而厚的口罩，如出现发热、关节酸痛等症状，应及时就医。

3. 猪群免疫接种应注意的问题

疫（菌）苗是利用病毒或细菌本身除去或减弱它对动物的致病作用而制成的。分灭活疫苗和弱毒疫苗两类。

要使疫（菌）苗接种到猪体后产生确实的免疫力，必须合理贮存、运输和使用。一般情况下，贮存液体的疫（菌）苗，要避免高温、冻结和阳光直射，贮存温度在 2~15℃之间。贮存冻干菌苗一般在零下低温贮存，如猪瘟、猪丹毒弱毒冻干菌苗，应在 -15℃条件下贮存；如在 0~4℃或 0~8℃条件下贮存，贮存时间将缩短 1/4~1/2。需低温贮存的疫（菌）苗，在运输中，应采取冷藏措施，使温度不高于 10℃。

使用疫（菌）苗时应注意以下几个方面：

1）使用前要了解当地是否有疫情，决定是否用或用何种疫（菌）苗。并对自家猪群进行一次健康检查，对患病、瘦弱、妊娠后期的猪做好登记，暂不接种。

2）要认真阅读疫（菌）苗使用说明书。

3）在使用前仔细检查瓶口，胶盖是否密封，对瓶签上的名称、批号、有效期等做好记录。对不同温度条件下贮存的疫苗要进行有效期的换算。对过期的、冻干疫苗密封不好的、瓶内有异物等异常变化的疫苗不能使用。

4）稀释疫（菌）苗的用具及接种疫（菌）苗时使用的器械在接种前后均须洗净消毒。

5）疫（菌）苗稀释后要充分振荡药瓶，吸药时在瓶塞上固定一个专用针头，并放在冷暗处。

6）在接种疫（菌）苗的过程中，要使疫（菌）苗避光避热，开瓶后在规定时间内用完。如果采用注射法，每注射一头猪，须换一个消毒过的针头。

7）在接种工作进行中或完毕后（一般在 24 小时内），观察是否有严重接种反应的猪。如果有应及时治疗。

8）用猪丹毒、猪巴氏杆菌病、仔猪副伤寒等弱毒菌苗的前后 10 天，禁用各种抗生素类药物。

9）口服菌苗所用的拌苗饲料忌用酸败发酵等偏酸性饲料，忌热水、热食。

4. 猪群免疫失败的原因

（1）疫苗不可能提供绝对的保护　因为猪用过疫苗后体内发生的免疫反应是一个生物学过程，不可能提供绝对的保护。在免疫接种群体的所有成员中，免疫水平不是相同的。免疫反应受到遗传因素和环境的影响。

（2）正常免疫反应受到抑制　如严重的寄生虫感染、营养不良和各种应激反应等会造成免疫失败。特别注意的是仔猪体内有母源抗体，一定水平的母源抗体会抑制弱毒疫苗的作用，从而导致免疫失败。

（3）疫苗使用不当　如在疫区进行紧急接种或在未暴露疫情的地区免疫，常有一部分动物在接种时已处于潜伏期，它们往往在接种后短期内发病。

（4）疫苗失效　如活疫苗贮存不当，使用期已灭活；活菌苗与抗生素并用；用化学消毒剂消毒注射器；接种时皮肤涂擦酒精过多导致疫苗被灭活等，也都会导致免疫失败。

第二节　高产母猪常见传染病及防治

一、猪瘟

猪瘟是由猪瘟病毒引起的急性、热性、高度接触性传染病。急性型以败血症及剖检见内脏器官出血、坏死和梗死为特征；慢性型以纤维素性坏死性肠炎为主要病理剖检特征。

【流行特点】本病在自然条件下只感染猪。不同品种、年龄、用途的家猪和野猪均易感。本病的发生没有季节性，在新疫区常急性暴发，发病率、死亡率均很高。在常发地区，猪群有一定的免疫力，病情常呈亚急性型或慢性经过。本病的传播途径主要是消化道和呼吸道，病猪的粪、尿及各种分泌物（唾液、鼻液等）排出大量病毒。通过直接接触或间接接触，被病毒污染的饲料、饮水、场地、各种工具等均可传播本病。此外，其他动物（猫、犬）、昆虫、鼠类等是机械性传播媒介。

【临床症状】潜伏期一般为5~10天。根据病程的长短和症状可分为急性型、慢性型和非典型猪瘟。

（1）急性型　病猪发病突然，症状迅速加重，体温升高到41~42℃，口渴，废食，怕冷，扎堆，嗜睡，皮肤和黏膜发绀和出血，多数病猪有明显的脓性结膜炎，有的病猪出现便秘，随后出现腹泻，粪便恶臭。妊娠母猪可出现流产（图6-5~图6-7），仔猪出现神经症状，如磨牙、痉挛、转圈等。特急性型病例甚至症状尚不明显即因败血症而死亡，一般在出现症状后几小时或几天内死亡。

图6-5　病猪发热、怕冷、扎堆、钻草、堆叠

（2）慢性型　多发于老疫区，也有的是由急性型不死转为慢性型。病猪体温时高时低，猪体消瘦，贫血，喜卧，行动迟缓，食欲不振，喜饮水，便秘和腹泻交替（图6-8）。有的病猪皮肤有紫斑或坏死痂，妊娠母猪流产，产死胎、木乃伊胎，病程多在4周以上。

图6-6 病猪全身皮肤发红

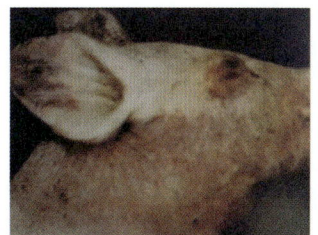
图6-7 病猪耳、颈部皮肤出血，眼有结膜炎

图6-8 病猪消瘦、食欲不振、行动迟缓

（3）非典型猪瘟　这是近年来国内外发生较普遍的一种猪瘟病型，感染猪潜伏期长，症状轻微而且病变不典型，俗称无名高热。死亡率为30%~50%，有的自愈后出现干耳和干尾，甚至皮肤出现干性坏疽并脱落。这种类型的猪瘟病程1~2个月不等，有的猪有肺炎感染和神经症状。新生猪发病常引起大量死亡，自愈猪变为侏儒或僵猪。

【病理变化】典型猪瘟的口腔黏膜有出血斑或溃疡，喉头有出血点或出血斑。全身淋巴结肿大，尤其是肠系膜淋巴结，外表呈暗红色，中间有出血条纹，切面呈红白相间的大理石样外观扁桃体出血或坏死。胃和小肠呈出血性炎症。在大肠的回盲段黏膜上形成特征性的纽扣状溃疡。肾脏呈土黄色，表面和切面有针尖大的出血点，膀胱黏膜层布满出血点。脾脏的边缘有时见到红黑色的坏死斑块，似米粒大小，质地较硬，突出被膜表面。肺充血、出血（图6-9~图6-17）。妊娠母猪感染病毒后，可见流产的胎儿水肿，表皮出血和小脑发育不全。

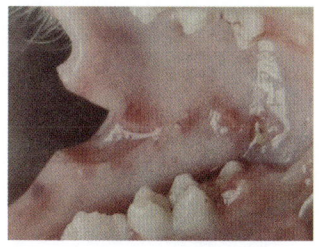
图6-9 病猪（急性型）口腔黏膜有出血斑、溃疡

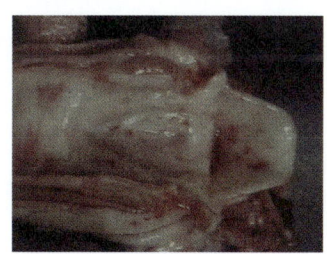
图6-10 病猪（急性型）喉头有出血点或出血斑

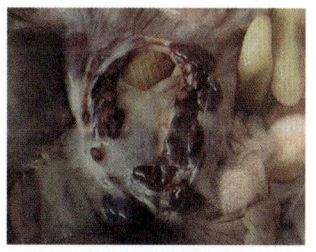
图6-11 病猪（急性型）肠系膜淋巴结肿大、出血

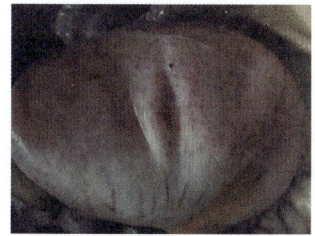
图6-12 病猪（急性型）胃浆膜上有大量出血点

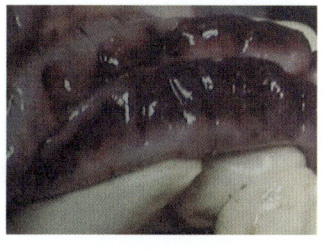
图6-13 病猪大结肠浆膜出血严重

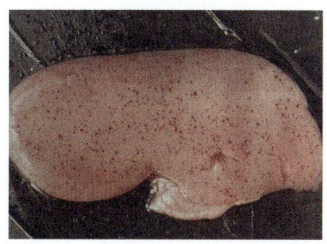
图6-14 病猪（急性型）肾脏表面有大量点状出血

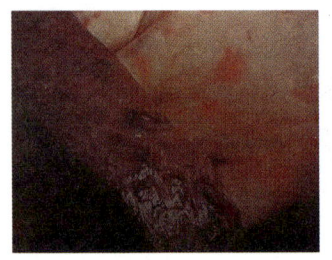 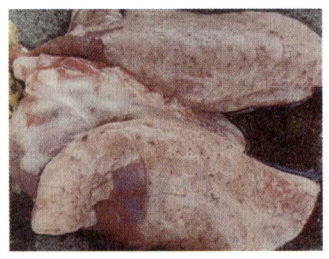 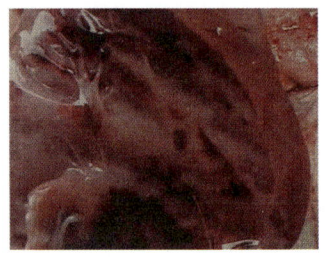

图 6-15　病猪（急性型）脾脏肿大、有坏死灶　　图 6-16　病猪（急性型）肺斑点状出血　　图 6-17　病猪（急性型）肺小点状充血、出血

慢性型猪瘟病理变化轻微，如淋巴结呈现水肿状，轻度出血，脾脏稍水肿，膀胱黏膜仅有少数出血点，回盲瓣可能有溃疡、坏死，但很少有纽扣状溃疡等典型病变。

【防治措施】

1）及时进行疫苗接种，坚持定期在春、秋季注射猪瘟兔化弱毒疫苗，不要漏注，注射后 4~6 天产生免疫力，免疫期可达 1 年以上。为了避免哺乳仔猪感染猪瘟，最好能在 20 日龄左右和断奶时各注射 1 次疫苗。

2）尽量做到自繁自养和圈养，严防从外地带入传染源。必须从外地购猪时，应先经预防注射后，再隔离饲养 30 天，方可混入猪群。

3）改善饲养管理，做好栏舍、环境、饲具的清洁卫生工作。禁止用泔水喂猪。

4）发生猪瘟时，应立即对全群健康猪进行猪瘟疫苗接种，然后对可疑猪接种，尽早确诊，及时采取措施，把损失减少到最低限度，目前尚无特效药物治疗本病，对可疑病猪隔离，病死猪进行无害化处理、深埋或焚烧均可，能利用的需经高温处理。发病猪舍、运动场及有关器械用 2%~3% 氢氧化钠溶液或其他强力消毒剂进行彻底消毒。粪尿及垫草、剩料等污物堆积发酵或烧毁。

二、非洲猪瘟

非洲猪瘟是由非洲猪瘟病毒引起的一种急性、致死性传染病，其临床特征为病程短，病死率高，病猪呈高热稽留，皮肤发绀，淋巴结和内脏器官严重出血。

本病症状类似猪瘟，但更为剧烈，诊断比较困难，难以消灭，1921 年首次发现于肯尼亚，并一直流行于非洲，近年来我国也有发生。

【流行特点】本病仅发生于猪，被病毒污染的饲料、饮水、用具及场舍均是传染源，虱、蜱也可能是传播媒介，发病无明显的季节性。机场和海港码头附近农民利用飞机、轮船的废弃物喂猪也能引起发病。初次暴发时病重死亡率高，以后逐渐下降，康复猪携带病毒时间很长。

【临床症状】潜伏期为 5~15 天。

（1）最急性型　常不显症状即突然死亡。有时体温达 41~42℃，呼吸急促，皮肤充血、出血，病死率为100%。

（2）急性型　在高热初期仍采食，后期厌食，精神委顿，站立困难，行动无力，呼吸急促，时有咳嗽，皮肤充血并发绀，耳、肢端、腹部有广泛不规则的瘀血斑、血肿和坏死斑（图6-18）。后期常发生出血性肠炎，可出现腹泻和血便。死亡常在出现高热的7天内发生，死前24小时内体温常显著下降并昏迷不醒。

（3）亚急性型　症状与急性相似。病初体温升高，持续几天或不规则波动，妊娠猪有流产现象。出现症状6~10天内死亡。病死率为60%~90%。

（4）慢性型　症状极不一致。一般表现精神委顿，体温为39.5~40.5℃，呈不规则波浪热，还可见肺炎、呼吸困难等。皮肤可见坏死、溃疡、斑块或小结节。耳、关节、尾、鼻、唇等处可见坏死性溃疡脱落。腿关节软性肿胀、无痛，也见于颌部。或除生长缓慢外，无任何症状。病程可持续1月至数月。大部分病猪能康复，但终生带毒。

（5）隐性型　本型非洲野猪中常见，家猪可能因感染低毒所致，或由亚急性型或慢性型转化而来，外观体征健康，实际带毒，有引起本病的潜在危险。

【病理变化】最急性型病例以内脏严重出血为特征。未见症状即死，肉眼病变很少。急性型病例，病尸皮肤充血并发绀，脾脏肿大几倍，色深，有时为黑色，极软，易碎；胃、肝脏、肠系膜淋巴结出血十分严重，有时像血块（图6-19~图6-21）。肾脏、膀胱、肺、心脏、胆囊、胃肠道常见针尖状出血点和弥漫性出血。还常见心包积液、胸腔积液、腹腔积液（腹水）和肺水肿。亚急性型的病变与急性型相似但较轻，特征是淋巴结与肾脏大片出血（图6-22、图6-23），肺充血水肿，大肠常见黏膜出血

图6-18　病猪精神委顿、废食、体表有瘀血斑（紫斑）

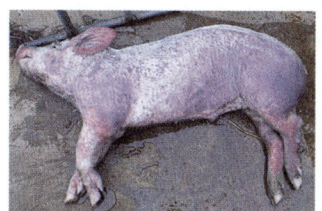

图6-19　病猪尸体皮肤出血、发绀

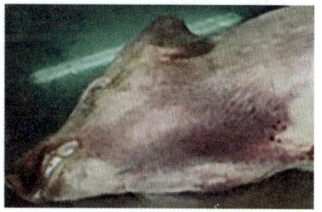

图6-20　病猪颈、腹部出血

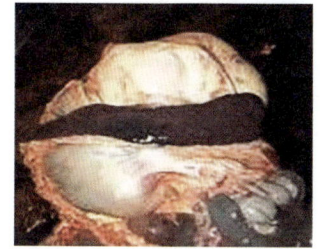

图6-21　病猪脾脏肿大、易碎，显示出梗死的迹象

图6-22　病猪肾脏有出血性瘀血点

图6-23　病猪肾脏表面布满出血点

和血样内容物。慢性型的淋巴网状内皮组织增生是显著的特征之一，还常见纤维性蛋白心包炎和胸膜炎，肺部有干酪样坏死和钙化灶。慢性死猪半数以上有肺炎病变。

【防治措施】

（1）预防措施　本病免疫机制尚不清楚。感染康复猪可以获得对同源强毒的抵抗力，对异源病毒不能提供有效保护。感染猪体内一般缺少非洲猪瘟病毒中和抗体，细胞介导免疫起主要作用。目前本病还没有商品化疫苗，因此对本病的防控，主要依靠综合性防控措施。

对于无非洲猪瘟的国家和地区，阻断其传入是最为重要的预防手段，国际航班和邮轮的垃圾、食物残渣应及时处理，猪引种时应严格检疫。低致病性毒株一般不会引起临床症状和病理变化，应采用多种实验室检测方法确诊。对非洲猪瘟呈地方流行性的国家和地区，应改善生物安全及公共卫生设施，控制虫媒（软蜱）以及避免野猪和家猪的接触，严格控制家猪、野猪及猪副产品的流动，以避免病毒在畜群之间传播，防止疾病蔓延，但广泛的血清学检测和带毒猪淘汰及猪群净化是预防本病的根本措施。

（2）紧急扑灭措施　本病没有有效的治疗药物，一旦发生，应迅速进行实验室诊断，及时扑杀感染猪群并采取卫生防疫措施，严格限制可疑感染猪及猪产品的流动，谨防疫情扩散。对于无非洲猪瘟的国家和地区，一旦发生本病，应迅速启动本病扑灭计划，扑杀所有感染猪群，彻底消灭传染源，猪圈及活动场所、用具应彻底消毒，以防本病暴发流行。

三、猪口蹄疫

猪口蹄疫是由口蹄疫病毒引起的偶蹄兽的一种急性、热性和高度接触性传染病。临床特征为病猪的口腔黏膜、蹄部和乳房皮肤出现水疱和溃疡。

【流行特点】本病潜伏期短，传染快，流行广，发病率高，在同一时间内，往往牛、羊、猪一起发病，而猪对口蹄疫病毒易感性强，越年幼的仔猪，发病率及死亡率愈高，1月龄内的哺乳仔猪死亡率可达60%~80%。本病一年四季均可发生，但以寒冷的冬、春季节多发。

病畜是本病的主要传染源，一旦动物被感染，在症状出现之前，体内就开始排出大量致病力很强的病毒，症状严重期排毒量最多，症状恢复期排毒量逐渐减少。传播途径主要是消化道、损伤的黏膜（口、鼻、眼、乳腺）、皮肤等。传播有直接接触，如病猪与健康猪接触；也有间接接触，如病猪的唾液、乳、尿、粪、血液及病猪的肉、内脏污染了饲料、饮水及工具等。野生动物、鼠、犬、猫、鸟类、昆虫均是本病的重要传播媒介。

【临床症状】本病潜伏期为2~7天，有时较长。病猪蹄部、口腔、乳房皮肤有水疱和糜烂病变，个别病猪局部感染化脓，有脓样渗出物。主要症状表现在蹄部。病初体温升至 40~41.5℃，经 3 天左右，在蹄叉、蹄冠、蹄踵等处出现水疱，不久破溃，表面出血、糜烂。病猪跛行，严重者不能站立，甚至蹄匣脱落（图 6-24、图 6-25）。少数病例在口腔发生病变，流涎，咀嚼及吞咽困难。病猪吻突、齿龈、舌、额部等也可出现水疱，破溃后露出浅的溃疡面，不久可愈合（图 6-26）。还有的病例，母猪的乳房和乳头的皮肤发生水疱，破溃后发生糜烂，不久结痂（图 6-27）。哺乳仔猪常无口蹄疫症状，出现急性胃肠炎和心肌炎而死亡。

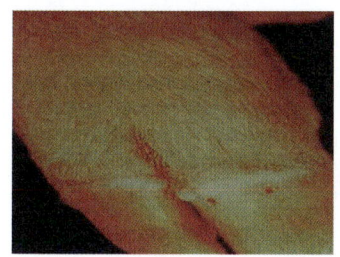
图 6-24 病猪蹄冠交界处皮肤充血、水肿，表面有一些小水疱

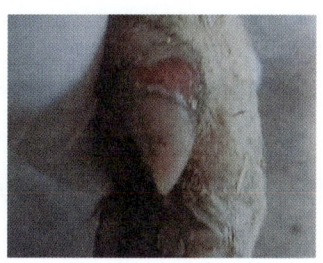
图 6-25 病猪蹄匣脱落，蹄踵破溃

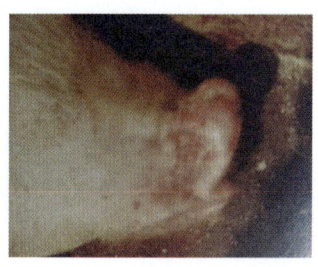
图 6-26 病猪吻突出现水疱和烂斑

【病理变化】死亡的哺乳仔猪，胃肠可发生出血性炎症，肺浆液性浸润，心包膜有点状出血，心包液混浊，心肌切面有灰白色或浅黄色斑或条纹，称为虎斑心。心肌变软，类似煮过的肉。由于心肌纤维变性、坏死、溶解，释放出有毒分解产物而使仔猪死亡（图 6-28、图 6-29）。

图 6-27 病猪乳房皮肤破溃、糜烂

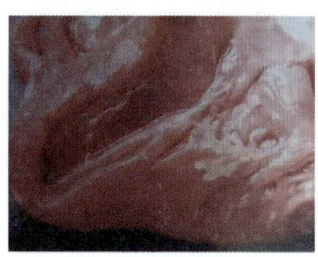
图 6-28 病猪的虎斑心

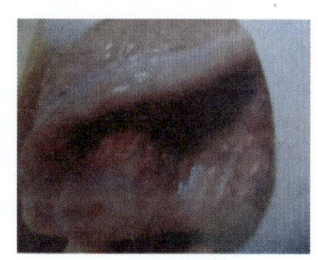
图 6-29 病猪心外膜下出现浅黄色的斑纹、变性、坏死

【防治措施】预防猪口蹄疫，除采取一般的综合性检疫措施外，主要是采取注射口蹄疫灭活疫苗进行预防接种，注射后 14 天产生免疫力，免疫期为 3 个月。在牛、羊注射口蹄疫疫苗期间，邻近猪场应封锁，注射口蹄疫疫苗的器具再用于猪场时，必须严格消毒。

目前对本病尚无特效疗法，发病个体须扑杀。

四、猪水疱病

猪水疱病是由水疱病毒引起的一种极似口蹄疫的急性、热性、接触性传染病，又称猪传染性水疱病。其主要特征是病猪蹄、鼻、口腔、乳房及皮肤出现水疱。

【流行特点】本病自然流行只感染猪，其他动物不感染。发病无明显的季节性，多发于猪高度集中、饲养密度大且地面潮湿的地方，在分散饲养的情况下，极少引起流行。传播途径主要是消化道、呼吸道、皮肤和黏膜。发病后的猪及其产品是主要传染源，病猪的新鲜粪便、尿液，以及被病毒污染后的运输工具、饲料和水均是传播媒介。

【临床症状】潜伏期一般为2~5天，成年猪发病率高于仔猪。病初只有少数病猪可见体温升高，在蹄冠、蹄叉、蹄底或副蹄出现一个或几个黄豆至蚕豆大的水疱，随后融合在一起，充满透明的液体，1~2天后水疱破裂，形成溃疡面，病猪疼痛加剧，行走困难，严重者蹄匣脱落，卧地不起。少数病猪的鼻盘、口腔和乳头周围也会出现水疱（图6-30、图6-31）。一般病程为10天左右，然后自然康复。

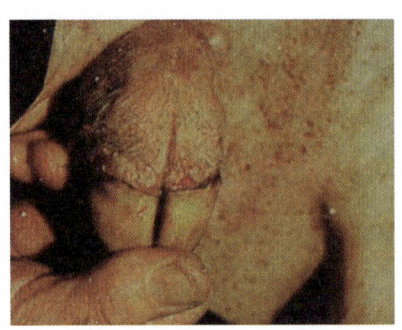
图6-30 病猪蹄冠部皮肤粗糙，出现小水疱和浅表性溃疡

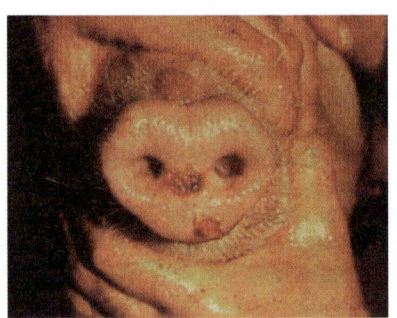
图6-31 病猪鼻盘及唇部出现水疱、结痂和溃疡

【病理变化】剖检病变主要在蹄部。口腔和鼻盘出现水疱、溃疡等病变，内脏器官一般无明显变化，有的仅见有局部淋巴结出血或偶尔可见到心内膜有条纹状出血。

【防治措施】

1）不要从疫区调入猪及其肉产品，用屠宰下脚料喂猪时，必须经过煮沸消毒。

2）要加强检疫、隔离、封锁措施，收购和调运生猪时应逐头检查，如果发现病猪，就地处理，不能调出。

要加强对市场的管理和检疫，严禁病猪和同群猪上市。猪群患病要严格封锁，封锁期一般以最后一头猪治愈后3周才能解除。病猪肉及其头、蹄不准鲜销上市，应做高温处理。

3）要注意环境的卫生和消毒，消毒液应选用 5% 氨水、10% 漂白粉溶液、3% 热氢氧化钠溶液，热溶液比冷溶液效果好。

五、猪繁殖与呼吸综合征

猪繁殖与呼吸综合征又称蓝耳病，是近年来发现的由猪繁殖与呼吸病毒引起的猪的一种繁殖和呼吸障碍的传染病。其特征为母猪发热、厌食，妊娠后期发生流产，产死胎、木乃伊胎和弱胎等繁殖障碍；幼龄仔猪出现呼吸困难症状和高死亡率。

【流行特点】潜伏期为 3~7 天。自然流行中，本病仅见于猪。其他家畜和动物未见发病。不同年龄、品种、性别的猪均可感染，但易感性有一定差异。繁殖母猪和仔猪发病比较严重，育肥猪发病比较温和。本病传播迅速，主要通过空气经呼吸道感染。病毒在感染猪体内可长期存在，病猪和带毒猪是重要的传染源。由于病毒可经精液传播，故使用流行期疫区种公猪的精液时需特别注意。

【临床症状】由于感染猪的类型不同，病猪感染的严重程度不同，临床表现不同。

（1）妊娠母猪　病猪发热（40~41℃），厌食，精神沉郁、昏睡，不同程度呼吸困难，咳嗽。后肢麻痹，前肢屈曲，步态不稳，皮肤苍白，颤抖，偶尔呕吐。间情期延长或不孕，妊娠晚期流产，产死胎（大多为黑色，也有白色）、木乃伊、弱仔，早产（提前 2~8 天），产后无乳，临产时也有因呼吸困难而死亡的（体温下降至 35℃ 左右）（图 6-32）。少数病猪双耳、腹侧及外阴皮肤一过性青紫色或蓝色斑块（因此有蓝耳病之称），双耳发凉。

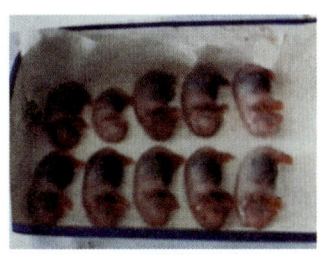

图 6-32　患病母流产的胎儿

（2）种公猪　发病率低（2%~10%），厌食，昏睡。呼吸加快，咳嗽，消瘦，发热，个别猪双耳发蓝。暂时性精液减少和活力下降，因病毒在肺泡巨噬细胞内繁殖，导致巴氏杆菌病发病率明显上升。

（3）哺乳仔猪　以 1 月龄内的仔猪最易感。体温升高至 40℃ 以上，呼吸困难，有时呈腹式呼吸，精神沉郁、昏睡，丧失吮乳能力，食欲减退或废绝，腹泻。离群独处或挤作一团，被毛粗乱，后腿及肌肉震颤，共济失调，有的仔猪口鼻奇痒，常用鼻盘、口端摩擦圈舍墙壁，鼻有面糊状或水样分泌物，断奶前死亡率可达 30%~50%，个别可达 80%~100%。

（4）育成猪及育肥猪　厌食，发热（40~41℃），精神沉郁、昏睡，呼吸加快，继而出现呼吸困难，腹泻，眼睑水肿。有的出现神经症状，少数病例双耳背面边缘及尾皮肤发绀，严重者大面积溃烂（图 6-33、图 6-34）。

【病理变化】外观尸僵完全，大脑充血、出血（图 6-35），皮肤色浅、呈蜡黄色，鼻孔有泡沫，皮下脂肪较黄，稍有水肿。肺部病变多样，呈粉红色、大理石状。肝脏病变较多，有萎缩、气肿、水肿等。气管、支气管充满泡沫，胸、腹腔积液较多，个别有灰白样坏死。胃有出血水肿。肾包膜易剥离，肾脏表面布满针尖大的出血点（图6-36）。肺门淋巴结充血出血，个别病例小肠、大肠胀气。

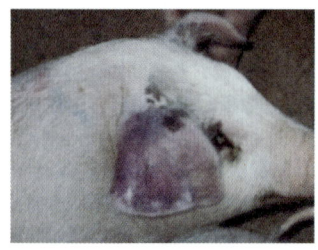

图 6-33　病猪耳部皮肤发绀

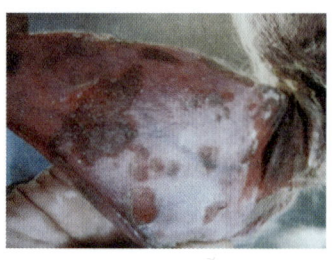

图 6-34　病猪耳部皮肤大面积溃烂

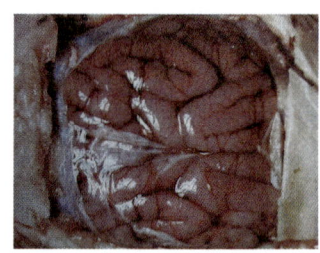

图 6-35　病猪大脑充血、出血

仔猪、育成猪常见眼睑水肿。仔猪皮下水肿，体表淋巴结肿大，心包积液，水肿（图6-37）。有时肺呈灰褐色，肺尖叶、中间叶和后叶有肉变，病变没有差异（图6-38）。

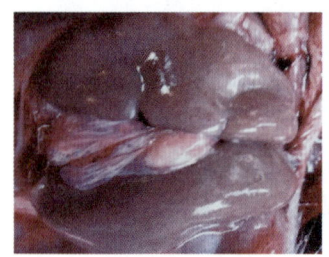

图 6-36　病猪肾脏表面有沟回、大量的出血点

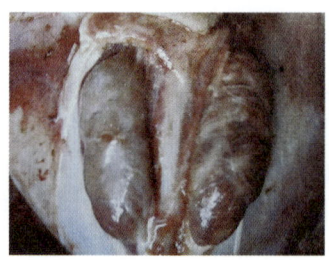

图 6-37　病猪两侧腹股沟淋巴结肿大

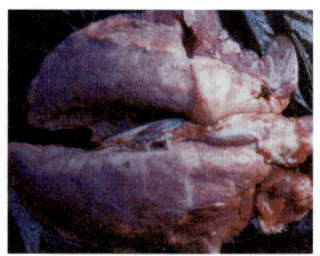

图 6-38　病猪肺尖叶、心叶有肉变

胎儿和死胎，早期、晚期的弱仔，死胎和木乃伊化胎儿基本相同，无肉眼可见变化，皮肤呈棕色，腹腔有浅黄色积液。有的胎儿和死胎出现皮下水肿，心包积液。

【防控措施】本病是猪的一种新的传染病，传染性很强，对养猪业危害性极大，目前尚无特效疗法。主要采取综合性防治措施，最根本的方法是通过清除病猪和清洗消毒等措施，切断传播途径。清除病猪和清洗消毒工作应反复进行，关键在于清除感染的断奶仔猪，保持育成猪舍无病毒。这样，断奶仔猪转栏时，只要不和污染的育成猪舍共用通风系统，就不会感染。若在育成猪舍急性发病时，用抗生素或其他药物治疗控制其他并发症，可大大提高猪成活率。但幸存猪断奶后，还可成为本病带毒猪。

疫苗接种是预防本病的主要手段。在流行地区必要时可试用灭活油乳剂疫苗免疫后备猪和妊娠母猪（间隔21天，肌内注射2次），对后备猪和育成猪也可试用弱毒疫苗。

六、猪细小病毒感染

猪细小病毒感染又称猪繁殖障碍病，是由猪细小病毒引起的繁殖失常。其特征为受感染的母猪，特别是初产母猪产死胎、畸形胎、木乃伊或病弱仔猪，偶有流产，但母猪本身无明显症状。

【流行特点】猪是唯一已知的易感动物。本病通过胎盘传给胎儿，感染母猪所产死胎、木乃伊或活胎组织内带有病毒，并可由阴道分泌物、粪便或其他分泌物排毒。感染公猪的精液也含有病毒，可通过配种传染给母猪。污染的猪舍是猪细小病毒的主要贮存场所。本病主要发生于初产母猪，呈地方流行性或散发。本病发生后，猪场可能连续几年不断出现母猪繁殖失能。母猪妊娠早期感染本病毒时，胚胎、胎猪死亡率可高达80%~100%。

【临床症状】主要表现为母猪繁殖失能，如多次发情而不受孕，或产出死胎、木乃伊及只产少数仔猪，并可出现流产。这种情况与母猪妊娠期不同时间感染有关。在妊娠30~50天感染时，主要是产木乃伊胎，如胚胎早期死亡，产出小的黑色木乃伊胎，如果妊娠晚期死亡，则子宫内有较大的木乃伊胎；妊娠50~60天感染时，主要产死胎；妊娠70天感染时常出现流产；妊娠70天之后感染，母猪多能正常生产，而产出仔猪有抗体和带毒，有些甚至能成为终身带毒者。如果将这些猪留作种用，本病很可能在猪群中长期存在，难以根除。公猪感染本病毒后，其受精率或性欲不受明显的影响。所以，特别注意带毒种公猪通过配种而将本病传染给母猪。

【病理变化】妊娠母猪感染未见明显的肉眼病变，仅见子宫内膜有轻微炎症。胎儿在子宫内有被溶解、吸收的现象，受感染的胎儿表现不同程度的发育障碍和生长不良，可见充血、水肿、出血、体腔积液、脱水（木乃伊化）及坏死等病变（图6-39 ~ 图6-41）。

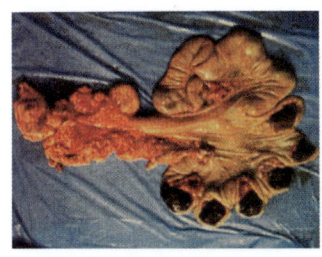

图6-39 病猪子宫内黑褐色的肿块为木乃伊化的死胎

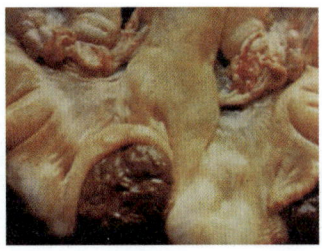

图6-40 病猪含木乃伊胎的子宫黏膜轻度出血和发生卡他性炎症

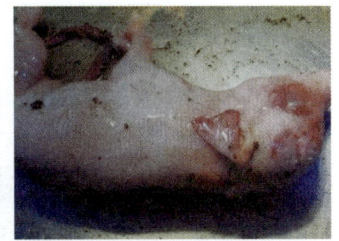

图6-41 患病母猪产的死胎皮肤、皮下水肿

【防控措施】本病尚无有效治疗方法。为了控制本病，首先应控制带毒猪传入猪场。在引进种猪时应加强检疫，采集其血清做血凝抑制试验，当血凝抑制滴度在1∶256以下时，才可以引进。引进猪须隔离饲养30天，再进行1次血凝抑制试验，证实是阴性者，才可与本场猪混饲。在本病污染猪场，对初产母猪在配种前可通过自然感染或疫苗接种的方法，使猪获得主动免疫力，控制本病的发生。在一群血清学检测呈阴性的后备母猪中放进一些血清学检测呈阳性的母猪（可能是带毒猪）同圈饲养，通过带毒母猪的排毒，使初产母猪受到感染而产生免疫力。这种方法的缺点是猪场受强毒污染严重，不能作为种猪输出，且这种方法只适用于本病流行的地区。我国现有细小病毒灭活疫苗，在母猪配种前1~2个月进行免疫接种，可预防本病的发生。仔猪母源抗体可持续14~24周，在抗体滴度高于1∶80时可抵抗猪细小病毒感染。因此，仔猪断奶后移到无本病流行的地区饲养，可培育出阴性母猪。

七、猪传染性胃肠炎

猪传染性胃肠炎是由冠状病毒引起的急性、高度接触性消化道传染病，其主要特征是多发生于寒冷季节，急性腹泻，同时出现呕吐。

【流行特点】本病除猪以外，其他动物不感染，发病有明显季节性，多发于冬、春寒冷季节（12月至第2年4月），常呈地方流行性。不同年龄、性别、品种的猪均能发病，但以仔猪发病严重，特别是10日龄以内的仔猪死亡率高。病猪从粪便排毒的时间可达2个月之久，传播途径主要是消化道，另外病毒也可经呼吸道传染。

【临床症状】潜伏期一般为12~18小时，所以一个猪场刚开始发病，在1~3天内可使全群感染。仔猪呕吐、腹泻及口渴，粪便呈白色、黄色或绿色，内含有未消化的母乳，后呈水样，甚至向外喷射，腹部、耳尖及肛门附近皮肤发绀，迅速脱水消瘦，多随即死亡，7日龄以内的仔猪死亡率可达100%。成年猪症状轻微，有的食欲不振、呕吐及腹泻，母猪停止泌乳，一般症状持续5~7天即停止，逐渐恢复食欲，很少出现死亡（图6-42、图6-43）。

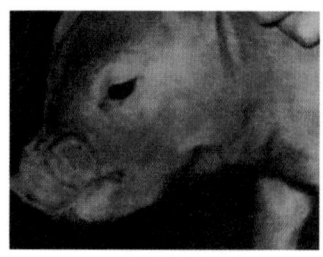
图6-42　患病仔猪呕吐

图6-43　病猪水样腹泻

【病理变化】病变主要在消化道，胃肠黏膜充血、点状出血，胃肠腔内充满稀薄的食糜，呈灰黄色。肠系膜血管、肝脏、脾脏、肾脏、淋巴结均表现明显的瘀血（图6-44～图6-46），心肌因衰竭而扩张。左心室内膜和冠状沟有明显的出血点和出血斑。

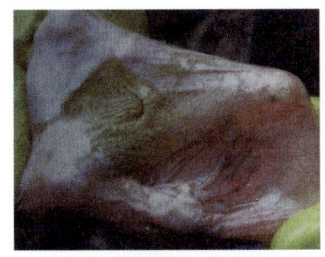
图6-44 病猪胃黏膜充血、坏死、脱落，胃壁变薄

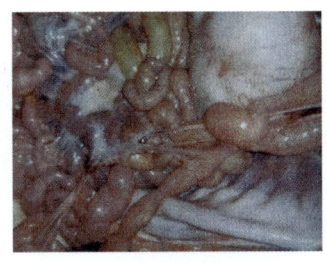
图6-45 病猪肠系膜淋巴结肿大、出血，小肠黏膜炎性充血、扩张

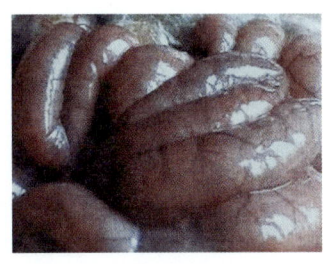
图6-46 病猪肠道充血，肠壁薄

【防治措施】

1）加强饲养管理，做好产房和保育舍的保温工作，如果产房和保育舍温度维持在25~26℃，基本上可以控制本病的发生，即使个别发生，症状也比较轻。

2）做好卫生消毒工作，本病主要在冬季严寒时期发生，饲养员必须坚守工作岗位，早晚应及时关好舍内门窗，及时清除舍内粪便。出入口设有消毒池，经常进行消毒。

3）在本病多发地区，每年入冬前对全场仔猪进行疫苗预防接种。

4）本病目前没有特效的治疗药物，为了防止病猪因严重脱水而死亡，在仔猪发病期可用糖盐水补液（葡萄糖20克、氯化钠3.4克、氯化钾1.5克、碳酸氢钠2.5克、温水1000毫升）。

八、猪丹毒

猪丹毒是由猪丹毒杆菌引起的一种急性、热性传染病，其主要特征：急性型呈败血症经过，亚急性型在皮肤上出现特异性疹块，慢性病例则多表现为非化脓性关节炎或疣状的心内膜炎。

【流行特点】猪丹毒杆菌广泛流行于世界各地，对养猪业危害很大，一般多呈散发和地方流行性，常发生在夏、秋炎热季节，冬、春寒冷季节很少发生。因夏、秋季雨水多，湿热适合细菌繁殖，加之蚊蝇等昆虫多，本病极易传播，一旦出现了疫情，就很容易扩散并流行。

【临床症状】潜伏期为1~8天。临床上可分为急性型（败血型）、亚急性型（疹块型）和慢性型3种。

（1）急性型（败血型） 本型最为常见，以发病突然且死亡率高为特征。初期以一头或数头无明显症状而突然死亡，其他猪相继发病。病猪体温升高达 42~43℃，食欲废绝，呼吸急促，嗜睡，运动失调。先便秘并有脓性黏液附着，后腹泻并带血。结膜充血，有浆液性分泌物。病程后期耳、颈、背、胸、腹部、四脚内侧等处可出现大小不等的红斑，用手指按压，红色可暂时消退，后红斑变为暗红色。死前体温降至正常体温以下，不死的转为亚急性型或慢性型。

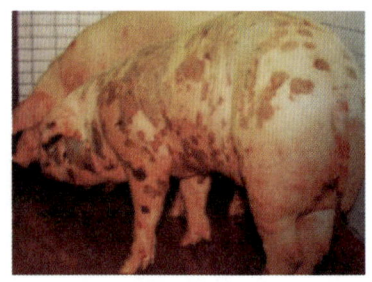

图 6-47 病猪身上布满陈旧的暗褐色斑疹，并有结痂形成

（2）亚急性型（疹块型） 本型症状较轻，主要以出现疹块为特征，病猪体温在 41℃ 以上，精神不振，食欲减退，多于背、胸、腹部及四肢皮肤上出现扁平突起的紫红色疹块（打火印），呈方形或菱形（图 6-47），白猪易观察到，黑色或棕色猪种不易观察到，但若用力贴平皮肤触摸，可感觉有疹块突起，有的不明显，急宰刮毛后才能发现上述症状。疹块发生后，体温逐渐下降至正常，脱痂好转，病势减轻，数天后痊愈。病程一般在 10 天左右，死亡率不高。个别转为败血型或继发感染的可引起死亡，妊娠母猪有的发生流产。

（3）慢性型 多由急性型或亚急性型转变而来。主要表现为心内膜炎和四肢关节炎，或两者并发。发生心内膜炎时，病猪呼吸困难、消瘦、贫血、喜卧、举步缓慢、行走无力。此类型病猪很难治愈，最终多因麻痹而死亡。发生关节炎时表现为四肢关节炎性肿胀，僵硬疼痛。一肢或两肢跛行卧地不起，食欲较差，生长缓慢，消瘦。

【病理变化】急性型表现皮肤上有大小不一、形状不同的红斑，呈弥漫性红色。脾脏肿大，呈樱桃红色。肾脏瘀血肿大，呈紫黑色（大紫肾），皮质部有出血点。肺瘀血、水肿，呈花斑状。胃、十二指肠发炎、有出血点。关节液增多（图 6-48 ~ 图 6-50）。亚急性型特征为皮肤上有方形或菱形的红色疹块；内脏的变化比急性型小。慢性型特征是心脏房室瓣常有疣状心内膜炎，瓣膜上有灰白色增生物，呈菜花状；其次是关节肿大，有炎症，在关节腔内有纤维素性渗出物。

图 6-48 急性病例呈败血症症状，腹部皮肤潮红，皮肤出现菱形疹块

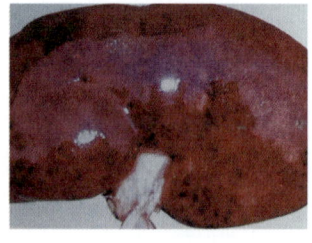

图 6-49 病猪肾脏瘀血、肿大，呈紫黑色，俗称"大紫肾"

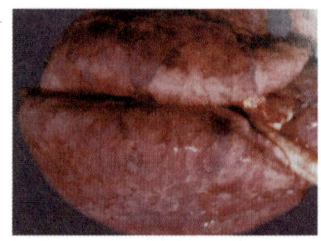

图 6-50 病猪肺呈花斑

【防治措施】

1）加强猪群的饲养管理，做好卫生防疫工作，提高猪群的自然抵抗力。

2）保持环境和使用器具的清洁，定期用消毒剂消毒；粪便垫料堆积发酵处理后方可使用。

3）按时接种猪丹毒菌苗。

4）治疗。青霉素为本病的特效药。治疗时不宜过早停药（应在体温和食欲恢复正常后 24 小时停药），以防止疾病复发或转为慢性型。四环素、土霉素、林可霉素也是治疗本病的有效药物。

①青霉素，每千克体重 1 万 ~1.5 万国际单位，肌内注射，每天 2 次。

②四环素、土霉素，每千克体重 7~15 毫克，肌内注射，每天 1 次。

③林可霉素，每千克体重 11 毫克，每天 1 次。

九、猪巴氏杆菌病

猪巴氏杆菌病又称猪肺疫，是由多杀性巴氏杆菌引起的急性、热性传染病，以急性败血症及组织器官出血性炎症为主要特征。

【流行特点】本病一年四季均可发生，但以秋末春初天气骤变时发病较多，在南方多发生在潮湿闷热多雨季节，中小猪多发，成年猪患病症状较轻。特别是圈舍寒冷潮湿、卫生条件差、饲喂不当、猪比较消瘦等均易发生本病。病猪的排泄物、分泌物不断排出有毒力的细菌，污染饲料、饮水、用具和外界环境，通过消化道传染给健康猪，或通过飞沫经呼吸道感染。根据猪体的抵抗力和细菌的毒力，本病的流行类型可分为地方流行性和散发两种，一般后者更为多见。

【临床症状】本病潜伏期为 1~5 天。临床上根据病程长短可分为最急性型、急性型和慢性型。

（1）最急性型　临床表现突然发病，迅速死亡。病程稍长、症状明显者可表现体温升高（41~42℃），颈部高热红肿，下颌皮下水肿严重（图 6-51），食欲废绝，卧地不起，呼吸极度困难，口鼻流出泡沫，可视黏膜发绀，病程为 1~2 天，死亡率几乎达100%。

（2）急性型　本型为本病的主要和常见类型。病猪体温升高（40~41℃），病初发生痉挛性干咳，后变为湿咳，呼吸困难，鼻流黏稠液体，常伴有脓性结膜炎，触诊胸部有剧烈疼痛（图 6-52）。精神不振，步态不稳，拒食呆立，心跳加速，结膜、皮肤发绀（图 6-53）。病初便秘，后期出现腹泻，多因窒息而死亡。病程为 5~8 天，未死亡的猪转为慢性型。

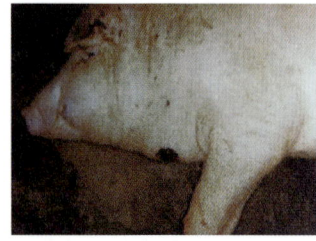 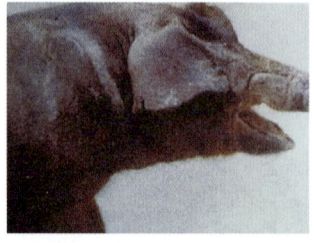 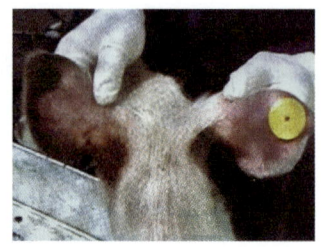

图 6-51　病猪下颌皮下水肿严重　　图 6-52　病猪呼吸困难，张口呼吸　　图 6-53　病猪耳部皮肤发绀

（3）慢性型　主要表现出慢性肺炎和慢性胃肠炎症状。病猪有时表现持续性咳嗽与呼吸困难，食欲不振，进行性营养不良，极度消瘦，行动不稳或呈犬坐姿势，成为僵猪。口、鼻、肛门黏膜发绀，有的因体质极度衰弱而死（图 6-54）。

【病理变化】最急性型病理变化常不明显，急性型病理变化较为明显，咽喉肿胀、潮红、周围结缔组织有炎性浸润。喉头腔、气管、支气管腔内有带泡沫的黏液，黏膜呈暗红色，有的表面有纤维素膜附着。两侧肺膨隆，呈暗红色，肺膜上有小出血点，肺小叶间质增宽，肺的质地变硬。心包积液增多，呈橘红色，心外膜可见点状出血，心脏表面覆盖纤维素（绒毛心）。全身淋巴结出血，呈暗红色，切面平整。胃与小肠前段有卡他性炎症。慢性型肺的变化较为突出，肺间质水肿，两侧肺心叶、尖叶、膈叶前下部可见肺表面有纤维素膜附着，小叶呈暗红与灰红色大理石样变化。有明显的心包炎变化，脾脏和淋巴结明显肿大，肾脏切面出血，肾乳头出血（图 6-55～图 6-58）。

 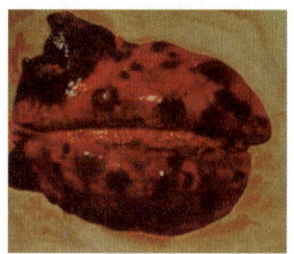 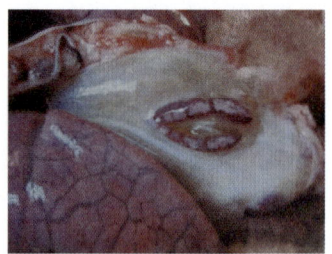

图 6-54　病猪消瘦，成为僵猪　　图 6-55　病猪肺充血、水肿，有大量暗红色出血及红色肝变期病灶　　图 6-56　病猪肺门淋巴结出血，周边有大量胶冻物

【防治措施】

1）加强猪群的饲养管理，提高猪群的自然抵抗力。合理配合饲料，保持猪舍内干燥、清洁和良好的通风，定期进行药物消毒。

2）定期接种猪菌苗。

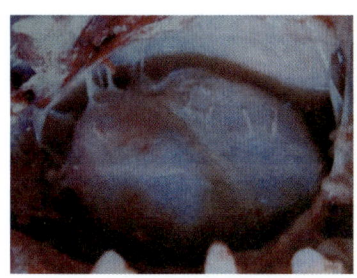 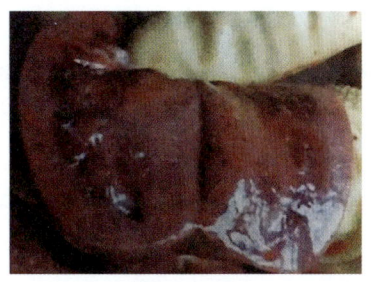

图 6-57　病猪心脏表面覆盖纤维素膜，称绒毛心　　图 6-58　病猪肾脏切面出血，乳头出血

3）治疗。对本病敏感的药物有青霉素、链霉素、四环素、土霉素、林可霉素等，首选药物为青霉素。

①青霉素，每千克体重 8000~10000 国际单位，肌内注射，每天 2 次（间隔 12 小时）。

②链霉素，每千克体重 50 毫克（1 克相当于 100 万国际单位），肌内注射，每天 1~2 次。

③四环素、土霉素，每千克体重 7~15 毫克，肌内注射，每天 1 次。

④林可霉素，每千克体重 11 毫克，每天 1 次。

十、仔猪副伤寒

仔猪副伤寒是由沙门菌引起的热性传染病。主要表现为败血症和坏死性肠炎，有时发生脑炎、脑膜炎、卡他性或干酪性肺炎。

【流行特点】本病主要发生于 4 月龄以内的断奶仔猪，成年猪和哺乳母猪很少发病。细菌可通过病猪或带菌猪的粪便、污染的水源和饲料等经消化道感染健康猪。健康猪的胃肠道内也常有沙门菌存在，当饲养管理不良、卫生条件差、天气骤变等因素使猪体抵抗力降低时诱发本病。本病一年四季均可发生，但春初、秋末天气多变季节常发，且常与猪瘟、猪气喘病并发或继发，猪群中一般呈散发或地方流行性。

【临床症状】本病的潜伏期为 3~30 天。按其病程可分为急性型、亚急性型和慢性型。

（1）急性型　本型多见于断奶后不久的仔猪和地方流行性的初期。其特征是急性败血症症状，体温升高到 41~42℃，消瘦，精神沉郁、伏卧、食欲废绝、呼吸困难、步行摇晃、呕吐和腹泻，有时表现腹痛症状。白皮猪可看到耳、四蹄尖、嘴端、尾尖等猪体远端呈蓝紫色（图 6-59）。当本病暴发时，开始常出现有 1~2 头死亡不呈现任何症状。2~3 天后，体温稍有下降。肛门、尾巴、后腿等部位污染混合血液的黏稠粪便，有时伴有呼吸困难。多在病后 2~4 天死亡，不死的转为亚急性型或慢性型，很少自愈。

（2）亚急性型　本型基本与急性型相同，仅症状明显。病猪呈间歇性发热，初便秘，后下痢，食欲不振，喜饮水，猪体逐渐消瘦，一般经 7 天左右，因极度衰竭继发肺炎而死，不死的转为慢性型，自然康复者少。

（3）慢性型　本型最为多见，开始发病不易观察，以后猪体逐渐消瘦，食欲减退，呈周期性恶性下痢，皮肤呈污红色。体温有时上升继而又降到常温，有的表现肺炎症状，一般数周后死亡。也有恢复健康的，但康复猪生长缓慢，多数成为带菌的僵猪。

【病理变化】急性病例的脾脏明显肿大，以中部 1/3 处更严重，边缘钝圆，触及感觉绵软，类似橡皮；外观呈暗蓝色，切面外翻，呈蓝红色；肿大的淋巴滤泡呈颗粒状，脾髓质部不软化。肾皮质部出血。有时心外膜下、肺膜下也有出血，肺有小叶性肺炎灶。肝被膜下有针尖大小的、先为灰红色后转为黄白色的小坏死灶和结节（图 6-60）。有时胆囊黏膜出现粟粒大的结节。胃及十二指肠黏膜高度充血和点状出血，肠系膜淋巴结高度肿大，切面外翻，呈红色（图 6-61）。

 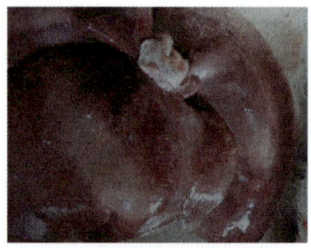 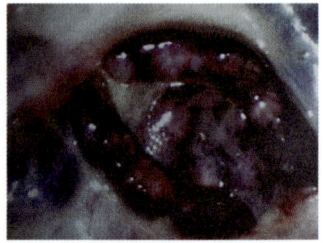

图 6-59　病猪消瘦，耳部皮肤发绀　　图 6-60　病猪肝脏肿大，表面有黄白色坏死结节　　图 6-61　病猪肠系膜淋巴结肿大、出血

亚急性型和慢性型病变主要表现在胃肠道，呈卡他性炎症（图 6-62），胃黏膜潮红，特别在胃底部，出现坏死灶，盲肠黏膜增厚，有浅平溃疡和坏死，肠道表面附着灰黄色或暗褐色假膜，用刀刮去溃疡，溃疡底呈污灰色，溃疡周围平滑，中央稍下凹，有的形如糠麸，结肠浆膜有出血斑（图 6-63），肠系膜淋巴结肿大。肝脏、脾脏、肾脏及肺均有干酪样坏死灶。

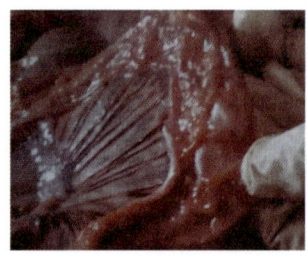 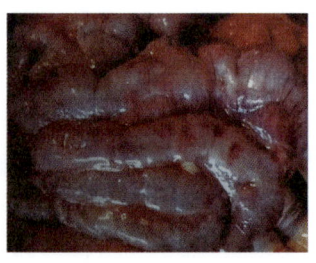

图 6-62　病猪呈卡他性炎症　　图 6-63　病猪结肠浆膜有出血斑

【防治措施】

（1）加强饲养管理　改善环境条件，消除各种不良因素对猪群的影响。

（2）菌苗接种　在本病常发的地区，按时对猪群进行仔猪副伤寒菌苗接种。

（3）药物预防　在仔猪多发日龄阶段，选择敏感药物添加于饲料或饮水中，进行药物预防。

（4）治疗　治疗应在隔离消毒、改善饲养管理的基础上，以足够的剂量及早进行，同时要有一个较长的疗程。因为坏死性肠炎需要很长时间才能修复，若中途停药，往往会复发而引起死亡。常用的抗生素类药物有强力霉素、卡那霉素等。此外，喹诺酮类药物（如恩诺沙星）和磺胺类药物治疗本病也可取得满意效果。

1）卡那霉素，每千克体重4万~6万国际单位，肌内注射，每天1次；精神、食欲明显好转后，剂量减半，继续用3~5天。

2）强力霉素（多西环素），每千克体重1~1.5毫克，口服，每天1次。

十一、仔猪白痢

仔猪白痢是一种由大肠杆菌引起的哺乳仔猪急性肠道传染病。以下痢，排出乳白色、浅黄色或灰白色有特异腥臭味的黏稠糊状粪便为特征，发病率高，而死亡率不高。

【流行特点】本病主要发生于5~25日龄的哺乳仔猪。一年四季均可发生，但冬季、早春、炎热季节发病较多，一般在天气突然转变时，如寒流、下雪或下雨等，发病的仔猪突然增多，当天气转暖后，病猪不治疗也可逐渐自愈。特别是冬季产房寒冷，病猪数量增多，几乎遍及每窝仔猪。实践证明，母猪的饲养管理较差，猪舍环境不好，都是引起本病的重要原因。

大肠杆菌在自然界分布广泛，在猪消化道内也普遍存在，其中有些大肠杆菌只有微小致病力，有的则有明显的致病力，只有在某些诱因下（如饲料突变、乳汁缺乏等）使得肠道内乳酸杆菌比例大减，而致病性大肠杆菌占有优势，大量繁殖并产生毒素引起发病。

【临床症状】病猪下痢，排出白色、灰色甚至黄色糊状有特殊腥臭味的稀粪，肛门周围被稀粪污染，精神不振，四肢无力。病情严重时，背拱起，被毛粗乱。食欲减退或废绝，喜欢钻进垫草里卧睡，慢慢消瘦而死亡（图6-64）。病程一般为3~4天，长的可达1~2周，病死率的高低与饲养管理及治疗情况有直接关系，一般情况下，死亡率不高。

【病理变化】病死猪外观苍白、消瘦，肛门和尾部附着污秽的带有特殊腥臭味的粪便。肝脏黄染。小肠呈现肠炎变化，整个肠管松弛，肠管浆膜呈灰红色，肠系膜血管呈树枝状，肠淋巴结轻度肿大，呈橘红色；胃肠壁薄，肠管充满灰白色的稀粪，黏膜潮红（图 6-65、图 6-66）。

 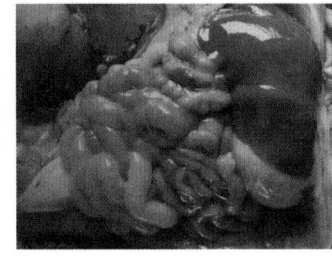 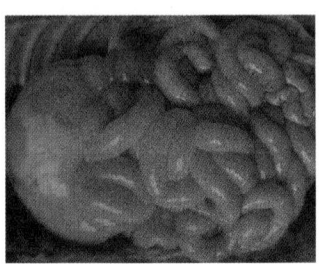

图 6-64　病猪严重腹泻，时间长久时脱水、衰弱、消瘦、不能站立

图 6-65　病猪肝脏黄染，肠壁薄，内有白色泡沫样液体

图 6-66　病猪胃肠壁薄，内有白色泡沫样液体

【防治措施】预防本病的主要措施是消除本病的各种诱因，增强仔猪消化道的抗菌机能，加强母猪的饲养管理，做好圈舍的卫生和消毒，及早给仔猪补料，用土霉素等抗菌添加剂预防具有一定效果。对发病仔猪应及时治疗，可选用土霉素、恩诺沙星、磺胺脒等药物。

（1）土霉素　每千克体重 50 毫克，内服，每天 2 次。

（2）恩诺沙星　每千克体重 2.5 毫克，肌内注射，每天 2 次。

（3）磺胺脒　每千克体重为 100~150 毫克，内服，每天 2 次。

十二、仔猪红痢

仔猪红痢又称仔猪出血性肠炎、猪产气荚膜梭菌病，是由 C 型产气荚膜梭菌引起的仔猪急性肠道传染病。其临床特征为患病仔猪出血性下痢，病程短，死亡率高。

【流行特点】本病常发于 1~3 日龄的哺乳仔猪，7 日龄以上很少发病。本病发病季节不明显，任何产仔季节均可发病，任何品种的猪均可感染，带菌母猪和病猪是主要的传染源。病菌随粪便排出体外，污染猪舍和哺乳母猪的乳头、皮肤，初生仔猪通过吮吸母猪乳头或舔食污染地面而感染。病菌侵入空肠中，在肠壁内繁殖，产生强烈的外毒素，使受害肠壁充血、出血和坏死。

本菌在自然界分布很广，如人、畜肠道、土壤、粪便及污水中均含有，其芽孢对外界抵抗力很强。病菌一旦传入猪场，病原就会长期存在，如果不采取有效的预防措施，以后出生的仔猪将会继续发生本病。

【临床症状】本病的潜伏期很短。一般可分为急性型、亚急性型和慢性型。

（1）急性型　本型最为常见，仔猪初生后 3 小时左右或当天即可发病，表现突然下痢，排出血样稀粪，随之虚弱、衰竭、拒绝吮乳，数小时内死亡（图 6-67）。也有少数病猪未见下痢，有的本次吮乳时正常，下次吮乳时死于一旁。

（2）亚急性型　病程在2天左右。病猪下痢，食欲不振，消瘦，脱水，其后躯沾满血样或稍带黄色稀粪，并常混有坏死组织碎片和小气泡。一窝仔猪往往所剩无几或全部死亡，其死亡日龄常在5日龄左右。

（3）慢性型　除有急性型或亚急性型不死转为慢性型外，也有个别的出生后就呈慢性经过。病猪持续性出血性下痢，粪便呈黄灰色糊状，或稍带红色，肛门周围附有粪痂，生长停滞，于10日龄左右死亡或成为僵猪。

【病理变化】病变主要在空肠，有时还扩展到整个回肠，一般十二指肠不受损害。急性型表现为出血性肠炎，亚急性型或慢性型可见肠坏死，而出血性病变不太严重，坏死的肠段呈浅黄色或土黄色，其浆膜下层及充血的肠系膜淋巴结中有小气泡（图6-68）。心肌苍白，心外膜有出血点。肾脏呈灰白色，皮质部有小点出血。膀胱黏膜也有小点出血。

 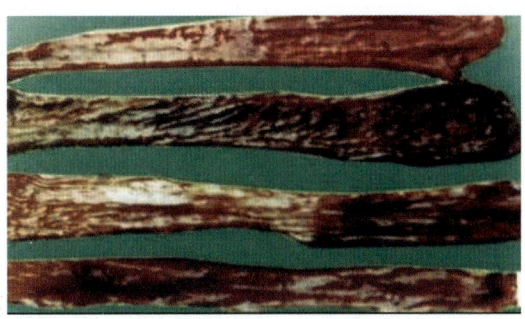

图6-67　病猪精神沉郁，消瘦，排血样稀粪　　图6-68　病猪肠黏膜出血

【防治措施】

1）做好猪舍和环境的卫生消毒工作，在接生前对母猪的乳头和周围皮肤进行清洗和消毒，以减少本病的发生和传播。

2）在本病多发地区或猪场，母猪分别于产前1个月和半个月注射仔猪红痢灭活菌苗，使新生仔猪通过吸吮母猪乳汁获得被动免疫。

3）对正在发生本病的猪场，仔猪一出生就口服青霉素、链霉素等抗菌类药物，连用2~3天。

4）由于本病病程短促，发病后用药治疗往往疗效不佳，病猪一般预后不良。

十三、猪传染性萎缩性鼻炎

猪传染性萎缩性鼻炎是由支气管败血波氏菌引起的慢性传染病，其主要特征为病猪鼻炎，鼻甲骨下陷萎缩，面部变形及生长迟缓。

【流行特点】任何年龄的猪均可感染，但哺乳仔猪，特别是6~8周龄的仔猪最易感，多引起鼻甲骨萎缩。随着年龄增长，发病率有所下降，症状减轻，3月龄以后的猪感染，症状不明显，一般成为带菌猪。病猪和带菌猪是本病的主要传染源，传播方式主要通过飞沫感染易感猪。不同品种猪的易感性有差异，如长白猪易感，我国地方品种猪较少发病。本病多呈散发，但也可呈地方流行性。饲养管理条件的好坏对本病的发生起重要作用，如饲养管理不良、猪舍拥挤、卫生条件差、营养缺乏等因素可促使本病的发生。

【临床症状】最早1周龄仔猪可见鼻炎症状，一般2~3月龄症状最显著。病初打喷嚏，鼻孔流出血样分泌物，逐渐形成黏液性、脓性鼻液，特别在取食时流出较多。因鼻泪管堵塞而使眼下皮肤变黑，并常伴发结膜炎。由于鼻黏膜受到刺激，病猪表现为不安，经常拱地，摇头，在墙壁、饲槽、地面处摩擦鼻子。重病猪呼吸困难，发出鼾声。接着鼻甲骨开始萎缩，并延及鼻中隔和筛骨等，面部畸形，膨隆短缩，鼻弯曲歪斜（图6-69）。这时呼吸更加困难，由鼻孔流出更多黏液或脓性鼻液，鼻常出血。有时病变由鼻腔蔓延到脑或肺，从而伴发脑炎或肺炎。病猪死亡率不高，但生长停滞，成为僵猪。

【病理变化】病变局限于鼻腔和邻近组织。特征性变化为鼻甲骨萎缩，尤其是鼻甲骨的下卷曲最常见，严重时鼻甲骨消失，鼻中隔偏曲，导致鼻腔成为一个鼻道，有的下鼻甲骨消失，只剩下小块黏膜皱褶附在鼻腔外侧壁上。鼻腔黏膜常附有脓性渗出物（图6-70）。

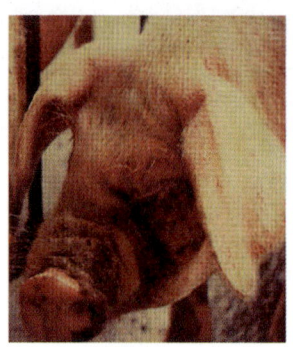
图6-69 病猪的鼻端向病侧歪斜，形成歪鼻子

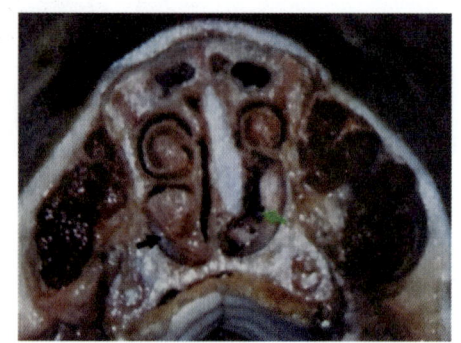
图6-70 病猪鼻中隔变形，鼻甲骨萎缩，鼻旁窦有脓性分泌物

【防治措施】

1）不从疫区引进种猪，确需引进时，必须隔离观察1个月以上，证明无本病方可合群。

2）加强猪群的饲养管理。仔猪饲料中应配合适量的矿物质和维生素，哺乳母猪与其他猪分开饲养，断奶仔猪实行"全进全出"的饲养方式，避免新断奶的仔猪与年龄较大的仔猪接触。

3）在本病流行严重的地区或猪场进行菌苗免疫接种。

4）治疗。治疗时采用全身与局部相结合的治疗方案，疗效较好。

①全身疗法可用链霉素肌内注射，连用 3~5 天，疗效较好，另外，还可选用青霉素、土霉素、磺胺类药物等。

②对鼻甲骨萎缩的病猪，可采用注射与滴鼻结合的方法。在注射复方磺胺间甲氧嘧啶钠注射液的同时，鼻腔可用复方碘溶液、1%~2% 硼酸、0.1% 高锰酸钾、链霉素溶液，滴鼻或冲洗鼻腔。

十四、猪气喘病

猪气喘病又称猪喘气病、猪支原体肺炎，是由肺炎支原体引起的一种慢性、接触性传染病，主要以病猪咳嗽、气喘为特征。

【流行特点】本病一年四季均可发生，以冬、春寒冷季节多见，各种年龄、性别、品种的猪均可感染，但多见于断奶前后的仔猪。天气突变，饲养管理不善，都能促使本病的发生和加重病情。本病主要通过呼吸道感染，呈散发或地方流行性，传染源是病猪和隐性病猪，在其咳嗽、气喘喷嚏时，健康猪吸入含病原体的飞沫而感染。本病只感染猪，不感染其他动物和人。

【临床症状】本病潜伏期一般为 11~16 天，最短 3~5 天，最长可达 1 个月以上。主要症状是咳嗽、气喘，尤其是早晚采食或运动时，常发生短声连咳。随病程发展，呼吸加快，达 50~60 次 / 分钟，甚至 100 次 / 分钟以上。腹式呼吸明显，呼吸快而浅，到后期呼吸慢而深，甚至张口喘气（图 6-71）。病初有少量浆液性鼻液，病重时，流出浆液性或脓性鼻液。食欲和体温一般正常，仅在患病后期继发其他传染病时，出现体温升高、食欲减退等症状。患病仔猪消瘦衰弱，被毛粗乱，生长发育停滞。隐性感染猪无明显症状，仅偶尔出现轻咳。

【病理变化】主要病变在肺、肺门淋巴结和纵隔淋巴结。肺有不同程度的水肿和气肿（图 6-72）。在心叶、尖叶、中间叶及部分膈叶下方呈小叶融合性支气管肺炎变化。肺呈浅灰色或灰红色半透明状，病变部分界明显，呈鲜嫩肌肉样。当病程延长，病情加重时，病变部呈浅紫色或深紫色、灰黄色，坚韧度增加。病变部切面湿润致密，常从小支气管流出混浊的灰白色泡沫状浆液或黏液。肺门和纵隔淋巴结显著增大，切面外翻、湿润，呈黄白色。

【防治措施】

1）在未发病地区或猪场，坚持自繁自养，尽量不从外地引入猪，若必须引入时，一定要严格隔离观察，防止猪气喘病及其他传染病传入，并定期做好消毒工作。

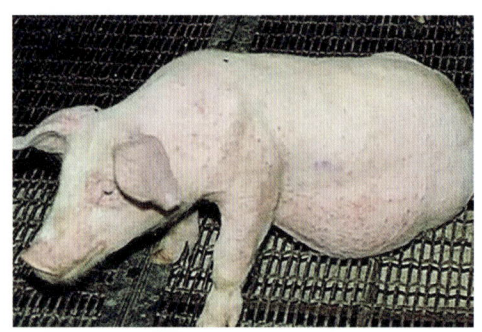 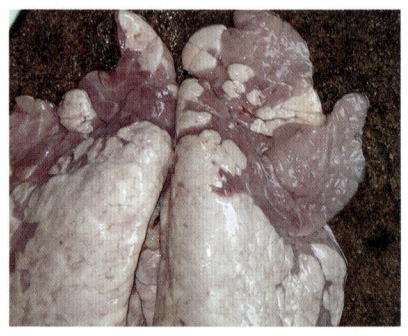

图 6-71　病猪咳嗽、气喘，常发生短声连咳，腹式呼吸明显　　图 6-72　病猪肺水肿

2）受气喘病威胁的猪群可用猪支原体肺炎灭活疫苗进行免疫接种。

3）对发病的猪群，要做到早发现，早隔离，早治疗，尽早淘汰，逐步更新猪群，做好饲养管理工作。

4）药物预防。可在每吨饲料中加入 300 克的土霉素粉定期饲喂，连用 2~3 周，或在饲料内加吉他霉素饲喂（按使用说明添加），对气喘病的预防和治疗均有较好效果。

5）治疗。一般早期用药效果比较好。

①土霉素，每千克体重 25~40 毫克，肌内注射，每天 1 次。

②卡那霉素，每千克体重 4 万 ~6 万国际单位，肌内注射，每天 1 次。

此外，喹诺酮类药物如恩诺沙星等对本病也有良好疗效。

十五、猪附红细胞体病

猪附红细胞体病是由附红细胞体引起的一种人兽共患传染病。临床上以高热、贫血、黄疸、消瘦和全身发红等为特征。

【流行特点】各种年龄、不同品种的猪均易感，但仔猪更易感，发病率和病死率均较成年猪高。饲养管理不良、天气恶劣，并发其他疾病等应激因素，可使隐性感染的猪发病，或扩大传播使病情加重。本病的传播可能与猪虱有关，除此之外，还可能通过未消毒的针头、手术器械和交配而感染。

【临床症状】本病潜伏期为 6~10 天。按临床表现分为急性型、亚急性型和慢性型。

（1）急性型　常发生于仔猪，病猪皮肤和黏膜苍白、黄疸，发热，精神沉郁，食欲不振，有血尿，发病后 1~3 天内死亡，死亡率高达 90% 以上，即使康复也发育迟缓。

（2）亚急性型　常发生于育肥猪，病猪体温高达 40~42℃，稽留热，食欲减退，甚至废绝，精神沉郁，不愿站立，黏膜苍白或黄疸，全身皮肤发红，尤其是耳部、腹部、四肢皮肤发红或发绀，压之不褪色，排尿发黄或有血尿。后期贫血苍白，发病猪快的3~4天，慢的数周内死亡。康复猪生长受阻，严重导致贫血死亡。

（3）慢性型　常发生于成年母猪与育肥猪，体温高热，食欲不振，出现贫血、黄疸、皮肤发黄，粪便干硬，偶尔带血，有时便秘和下痢交替发生。背毛无光，皮肤表层脱落，育肥猪生长缓慢，成年母猪常流产、不发情或屡配不孕。

【病理变化】剖检可见贫血及黄疸，皮肤黏膜苍白，血液稀薄，全身性黄疸。肝脏肿大，呈黄棕色；胆囊内充满黏稠的胆汁；脾脏肿大变软；有时可见淋巴结水肿；胸、腹腔及心包腔内有大量液体。

【防治措施】

1）本病目前尚无有效疫苗，防治本病主要是采取一般性防疫措施，做好饲养管理和圈舍卫生，消除一切应激因素，驱除体内外寄生虫，注意医疗器械的清洁消毒。发现病猪，应立即隔离治疗。

2）治疗。临床上可选用土霉素、四环素等，对本病有较好的疗效。剂量为每千克体重15毫克，分2次肌内注射，连续使用，直至痊愈，也可在饲料添加600毫克/千克土霉素或四环素进行连续饲喂。

第三节　高产母猪常见寄生虫病及防治

一、猪囊虫病

猪囊虫病是由人的有钩绦虫的幼虫寄生于猪体内所引起的寄生虫病，又称猪囊尾蚴病。本病人兽共患，危害严重，直接影响人们的身体健康，也给养猪生产带来一定的经济损失。

【流行特点】有钩绦虫的幼虫（也称囊虫，囊尾蚴）一般寄生在猪的肌肉组织中，咬肌、舌肌、心肌、膈肌、肋间肌、臀肌、腰肌、大腿肌中最为多见，少数在脂肪和内脏器官也能见到。其外观是白色半透明的囊状小泡，囊内有一个米粒大小的白点（囊虫头），因囊虫形状像磨米下来的"米身子"，或呈豆形，所以人们把患囊虫病的猪称为"米身子猪"或"豆猪"。成虫寄生在人的小肠内，寄生在人体小肠内的有钩绦虫，长2~7米，呈乳白色、扁平带状，分头节、颈节和体节，由800~1000个节片组成。

本病多散发。有散养猪习惯、采用"连茅圈"的地区，猪囊虫病发病率较高。本病主要通过消化道感染，患绦虫病的病人是主要传染源。

猪是有钩绦虫（也称链状带绦虫、猪带绦虫）的中间宿主。成虫虫体每一个孕卵节片内含3万~5万个虫卵，孕卵节片不断脱落，随人的粪便排出体外，1个病人1个月可排出 200 多个孕卵节片。当猪吞食被孕卵节片污染的饲料或病人粪便时，虫卵进入猪的胃肠，在小肠内经 24~72 小时孵出幼虫，幼虫钻入肠壁进入血液，通过血液循环到达全身各组织，在肌肉内经 2 个月左右发育成囊虫，当人吃了未经处理或没有煮熟的猪囊虫肉，或误食附在食品上的囊虫，经胃进入肠内，经 2~3 个月发育为成虫，又开始产卵，随粪便排出体外。这样人传给猪，猪又传给人。

【临床症状】病猪少量感染时，一般无明显症状，大量囊虫寄生时，猪表现消瘦、腹泻、贫血、水肿、视力减退、四肢僵硬、跛行、呼吸困难，并伴有短促咳嗽，声音嘶哑，出气打鼾，肩膀宽，胸粗大，后躯狭窄，呈"雄狮状"。检查眼睑和舌部，有白色半透明的囊虫结节，触之有波动感。

【病理变化】严重感染猪的猪肉呈苍白色而湿润，在咬肌、舌肌、肋间肌、臀肌等处有高粱米粒大小的半透明囊泡（俗称"米猪肉"或"豆肉"），囊泡内有小白点（图 6-73）。

【防治措施】

1）预防本病的根本措施是积极治疗绦虫病患者，消除传染源。

图 6-73 猪囊虫

2）要做到"人有厕所猪有圈"，厕所和猪圈分开，防止猪吃到人的粪便，切断传播途径。

3）加强城乡肉品卫生检验，杜绝囊虫病猪肉上市。

4）治疗。

①吡喹酮，每千克体重 50~80 毫克，口服或以液状石蜡配成 20% 混悬液，肌内注射，每天 1 次，连用 3 天。

②阿苯达唑，每千克体重 30 毫克，早晨空腹口服，连用 3 次，每次间隔 24~48 小时。

二、猪蛔虫病

猪蛔虫病是由蛔虫寄生于猪小肠中引起的寄生虫病。主要侵害 3~6 月龄的仔猪，导致猪生长发育不良或停滞，甚至造成死亡。

【流行特点】猪蛔虫是一种浅黄色圆柱状的大型线虫，形似蚯蚓，表面光滑，头尾两端较细。雄虫长 15~25 厘米，雌虫长 30~35 厘米。蛔虫卵呈短椭圆形、黄褐色或浅黄色。

猪蛔虫的发育过程不需要中间宿主。成虫寄生在猪的小肠内，产卵后，卵随粪便排出体外，在适当的环境中，卵开始发育为幼虫，幼虫在卵内经过两次脱皮达到感染期阶段。当感染期幼虫卵随食物或饮水被猪摄入后，幼虫在小肠内钻出卵壳，侵入肠壁，随血液循环到达肝脏、心脏及肺，引起幼虫性肺炎，在猪咳嗽时，幼虫随痰液再次进入胃肠道，并在小肠内停留下来，发育为性成熟的雄虫和雌虫。雌虫与雄虫交配后受精产卵，一条雌虫一昼夜可产卵10万~25万个，一生可产卵3000万个。

本病广泛流行于各类猪场，一年四季均可发生，各种年龄的猪均可感染，尤其是3~6月龄的仔猪易感性高，症状明显。病猪和带虫猪是本病的传染源，主要通过消化道感染。在卫生条件差、饲料不足或品质差、缺乏微量元素或维生素、体质弱或者拥挤的猪群最易发生。饮水不洁、母猪乳房污染均可增加仔猪的感染机会。

【临床症状】仔猪症状比成年猪明显。蛔虫在小肠内大量寄生时，病猪逐渐消瘦贫血，生长发育缓慢，被毛粗乱，食欲变化无常，腹泻和便秘交替出现，有时由肛门、口排出蛔虫（图6-74）。如果寄生虫体过多时，活虫互相缠绕成团，阻塞肠管，造成严重腹痛，甚至引起肠破裂。

有时虫体钻入胆管，引起胆管阻塞，出现腹痛和黄疸症状。在幼虫停于肺内期间可引起肺炎，表现为体温升高，精神不振，食欲减退，咳嗽，呼吸困难，有时呕吐。

【病理变化】幼虫移行过程中的主要病变在肺和肝脏。初期呈肺炎病变，肺组织致密，表面有大量出血点或暗红色斑点，可分离获得大量幼虫。肝脏表面有大小不等的白色斑纹。小肠内有大量成虫寄生，肠黏膜呈卡他性炎症、出血或溃疡，肠破裂时可见腹膜炎症和腹膜出血。肠淋巴结节肿大出血。蛔虫少量寄生时，肠道无明显变化，有时可在胃、胆管、胰腺、小肠内查获虫体（图6-75）。

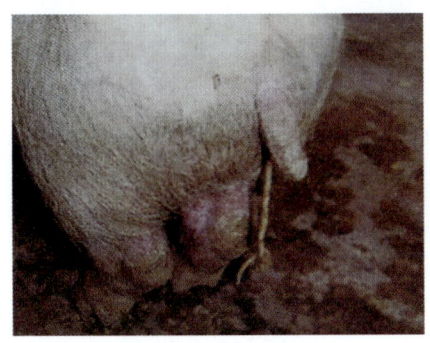

图6-74　蛔虫从猪肛门排出

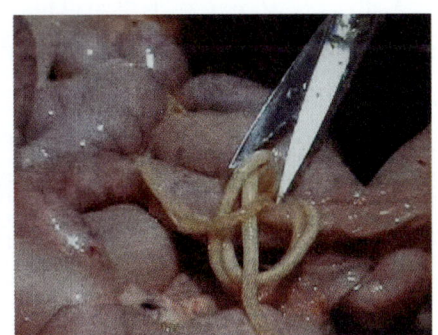

图6-75　病猪小肠内有蛔虫

【防治措施】

1）在蛔虫流行的猪场，每年春、秋季对全群猪各驱虫1次，特别对断奶后到6月龄的仔猪，应驱虫1~3次，妊娠母猪在产前3个月驱虫。

2）加强饲养管理，对断奶仔猪应给予富含维生素和多种微量元素的饲料，以增强其抵抗力，同时大小猪宜分群饲养。

3）猪舍及用具应定期消毒，可用2%~5%热氢氧化钠溶液（65℃以上）、生石灰、5%~10%苯酚均可杀灭虫卵。

4）保持饲料、饮水清洁，严防被猪粪污染。将猪粪和垫草清除出舍后，应堆积发酵。

5）治疗。

①左旋咪唑，每千克体重4~6毫克，肌内注射，或每千克体重8毫克，口服。

②阿苯达唑，每千克体重10毫克，拌入饲料喂服。

③奥苯达唑，每千克体重10毫克，拌入饲料喂服。

④枸橼酸哌嗪（驱蛔灵），每千克体重0.3克，拌入饲料喂服。

三、猪旋毛虫病

猪旋毛虫病是一种由旋毛虫成虫寄生于小肠、幼虫寄生于横纹肌而引起的人兽共患寄生虫病。

【流行特点】旋毛虫是一种纤细的小线虫，成虫为白色，前细后粗，肉眼勉强可以看见。成虫长1.4~1.6毫米，雌虫长3~4毫米。

本病存在广大的自然疫源，多种哺乳动物可感染，其中以肉食动物、杂食动物常见。本病流行有很强的地域性，往往多集中分布于某个地区，同一乡的各村间可能有无感染到严重感染的差异，形成疫源点内恶性循环和随疫源的流动而向外散播。

旋毛虫为多寄主寄生虫，其成虫寄生于宿主的小肠，幼虫寄生于同一宿主的肌肉。当人或动物摄入含有旋毛虫幼虫包囊的肉后，包囊被消化，幼虫逸出钻入十二指肠和空肠黏膜内，经1.5~3天即发育为成虫。性成熟的雄、雌虫交配后。雄虫死亡，雌虫钻入肠腺或黏膜下淋巴间隙中产幼虫。大部分幼虫经肠系膜淋巴结到达胸导管，进入前腔静脉流入心脏，然后随血流散布全身，横纹肌是旋毛虫幼虫最适宜的寄生部位，其他如心肌、肌肉表面的脂肪，甚至脑、脊髓中也曾发现过虫体。刚进入肌纤维的幼虫是直的，随后迅速发育增大，经7~8周逐渐卷曲形成包囊，约6个月后包囊增厚，囊内发生钙化。钙化后幼虫的感染力下降，包囊内幼虫生存时间可达25年。

【临床症状】猪对旋毛虫寄生有很大耐受力，少量感染时无症状。严重感染时，通常在3~5天后体温升高，腹泻，腹痛，有时呕吐，食欲减退，后肢麻痹，长期卧睡不起，呼吸减弱，发声嘶哑，有的眼睑和四肢水肿，肌肉发痒，疼痛，有的发生强直性肌肉痉挛，死亡很多，多于4~6周后康复。

【病理变化】成虫引起肠黏膜损伤，有出血点，黏液增多；幼虫引起肌纤维纺锤状扩展，随着幼虫发育和生长，其周围逐渐形成包囊，病久后包囊钙化。

【防治措施】

1）加强猪群的饲养管理，改散养方式为圈养方式，做好猪场的清洁卫生，防止猪吃患病动物的尸体、粪便和内脏，禁止用泔水及未经处理的肉屑喂猪。加强猪场内灭鼠工作。

2）加强屠宰场及集市肉品的兽医卫生检验，严格按《生猪屠宰肉品品质检验规程（试行）》处理带虫肉（高温、加工、工业用或销毁）。

3）提倡熟食，改变生食肉类的习惯，对一些半熟风味食品的肉类要做好检查工作。厨房用具应生、熟分开，不能混用，并注意经常清洗和消毒，养成良好的卫生习惯，防止寄生虫病的感染。

4）治疗。

①噻苯达唑，每千克体重50~100毫克，口服，每天1次，连用5~10天。

②阿苯达唑，每千克体重100毫克，口服，每天1次，连用5~7天。

四、猪肺线虫病

猪肺线虫病又称猪后圆线虫病，是由后圆属线虫在猪肺和支气管内引起的寄生虫病。

【流行特点】本病的病原体是猪后圆线虫，有3种，最常见的为长刺后圆线虫，寄生于猪的支气管和细支气管内。虫体呈乳白色细丝状，雄虫长12~26毫米，交合刺2根，丝状，长达3~5毫米；雌虫长20~51毫米。

本病流行比较广泛，往往呈地方流行性。一年四季均可发生，但夏、秋季多发。各种年龄的猪均可感染，仔猪易感性高，侵害严重。病猪和带虫猪是本病的传染源，主要通过消化道感染。

蚯蚓是猪肺丝虫的中间宿主。成虫寄生于猪的支气管和细支气管内，产卵后虫卵在猪咳嗽时咳出，或随痰吞下进入消化道，再随粪便排出体外。当虫卵或幼虫被蚯蚓吞食后，在蚯蚓体内经10~20天发育成感染幼虫。猪吞食这样的蚯蚓，在消化道内被消化，幼虫脱离蚯蚓钻入肠壁，经淋巴、血液循环到肺，最后在支气管发育为成虫。猪从吞食含感染性幼虫的蚯蚓到肺内发育为成虫需25~35天。

【临床症状】病猪轻度感染时症状不明显；严重感染时，主要症状是咳嗽，尤其是早晚和剧烈运动时表现明显。病猪精神委顿，食欲不振，日渐消瘦，毛焦无光，呼吸困难。严重感染时，发出强力阵咳，1次能咳40~60声，咳嗽停止时随即表现吞咽动作（咽下痰、虫体和虫卵），眼结膜苍白，流鼻液，肺部有啰音。特别严重的病例，发生呕吐，腹泻，最后极度衰竭、窒息而死亡。

【病理变化】剖检时主要病变发生在肺，病变处呈灰白色隆起，分界明显，支气管内有大量成团的虫体和黏液（图6-76）。

【防治措施】

1）对猪群定期进行驱虫，圈舍保持清洁干燥，粪便堆积发酵，消灭虫卵。

2）改养猪放牧方式为舍饲方式，防止猪吃到野生蚯蚓。

3）治疗。

①左旋咪唑，每千克体重7~8毫克，1次口服或肌内注射。

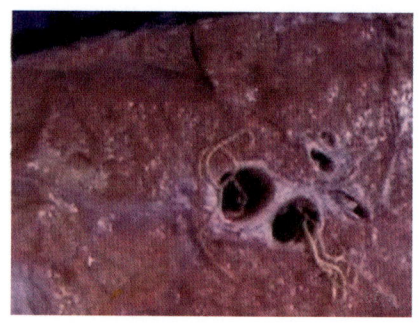

图6-76　病猪肺支气管内有大量虫体和黏液

②阿苯达唑，每千克体重10~15毫克，混入饲料中口服。

③伊维菌素，每千克体重0.3毫克，1次皮下注射。

④枸橼酸乙胺嗪（海群生），每千克体重100毫克，混入10毫升水中，皮下注射，每天1次，连用3天。

⑤对肺炎严重的病例，应在驱虫的同时，应用青霉素、链霉素等注射，以改善肺部状况，迅速恢复健康。

五、猪疥螨病

猪疥螨病是一种由疥螨寄生于猪皮肤而引起的慢性皮肤寄生虫病。

【流行特点】疥螨成虫呈灰白色或略带黄色，外形椭圆，形似蜘蛛，有4对足，在足的末端有吸盘或刚毛。虫体很小，肉眼很难看到，雄虫大小为（0.23~0.34）毫米×（0.17~0.24）毫米，雌虫大小为（0.34~0.51）毫米×（0.28~0.36）毫米；虫卵呈椭圆形，大小为0.15毫米×0.1毫米。疥螨在潮湿、寒冷环境中生命力强，而对干燥、温暖及直射光抵抗力很弱。

疥螨在猪皮肤内打隧道寄生，以淋巴液和组织液为食，并在隧道内产卵繁殖后代。一只雌虫每天产卵1~2个。虫卵经过3~4天孵化成幼虫，再过2~3天变成若虫，若虫再经过3~4天发育成虫。性成熟的雌虫与雄虫交配，雌虫在3~4天后开始产卵。猪疥螨虫从虫卵发育至成虫，大约需要15天。

本病各种年龄的猪均可感染，但以仔猪多发。感染发病没有季节性，但秋、冬、春季发病较多，夏季发病较少。带虫猪是主要传染源，健康猪通过与病猪直接接触或接触被污染的栏杆、用具、杂物等而感染。饲养管理条件差或卫生条件差的猪场都会有本病的发生。

【临床症状】病猪的病变主要发生在皮肤细薄、体毛较少的头颈、肩胛等部位。大部分先发生在头部，特别是眼睛周围，严重时可蔓延至腹部、四肢乃至全身。由于疥螨的口器刺入皮下吸食淋巴液和组织液，患部开始发红，局部发炎，瘙痒，病猪经常在墙角、猪栏等粗糙处摩擦。数天后皮肤上出现小结节，随后破溃，结成痂皮，体毛脱落。病情严重时出现皮肤干裂，食欲减退，生长停滞，逐渐消瘦，甚至引起死亡（图6-77）。

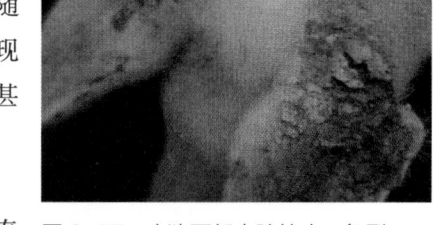

图6-77　病猪耳部皮肤结痂、龟裂

【防治措施】

1）要保持圈舍通风透光、干燥清洁，冬、春季勤换垫草。

2）猪群不能过于拥挤，定期消毒圈栏、用具等。

3）新引进的猪应仔细检查，确定无螨才能合群饲养。

4）对猪群进行定期驱虫消毒，对病猪及时治疗。

5）治疗。

①敌百虫，溶解在水中，配成1%~3%的溶液喷洒猪体或洗擦患部。间隔10~14天再用1次，效果更好。敌百虫溶液要现用现配，不宜久存。

②伊维菌素，每千克体重0.3毫克，皮下注射或浅层肌内注射，药效可在猪体内维持20天左右。

③双甲脒，国产双甲脒为12.5%乳油剂，配成0.025%~0.05%的溶液喷洒猪体，现用现配，间隔10天左右再用1次。用于预防时可每隔2~3个月喷洒1次。

六、猪虱病

猪虱病是一种由猪虱（猪血虱）寄生于猪体表面而引起的体表寄生虫病。

【流行特点】猪虱体形较大，肉眼容易看见。雄虫长3.5~4.15毫米，雌虫长4~6毫米。体扁平，呈灰黄色，体表有小刺。虫体由头、胸、腹三部分组成。虫卵呈长椭圆形，黄白色，寄生于被毛上。

本病一年四季均可发生，但以寒冷季节感染严重。各种年龄的猪均有感染性，带虫猪是传染源，通过直接或间接接触传播，场地狭窄、猪密集拥挤、管理不良时最易感。也可通过垫草、用具等引起间接感染。

雌虱每天产卵1~4枚，一生可产卵50~80枚。在产卵时能分泌一种黏性物质，可把虫卵黏附在毛上或鬃上。虫卵经过12~15天孵化出幼虱，幼虱吸食血液，再经过10~14天，蜕皮3次，发育为成虫，性成熟的雌虱与雄虱交配，大约经过10天开始产卵。猪虱终生生活在猪体上，离开猪体后能生活1~10天。当病猪与健康猪接触，猪虱就可以爬到健康猪身上。

【临床症状】猪虱多寄生于耳朵周围、体侧、臀部等处,严重时全身均可寄生。成虫叮咬吸血刺激皮肤,引起皮肤发炎,出现小结节,猪经常搔痒和摩擦痒处,造成被毛脱落,皮肤损伤。幼龄仔猪感染后,症状比较严重,常因瘙痒不安,影响休息、食欲,甚至生长发育。

【防治措施】

1）要保持圈舍通风透光、干燥清洁,冬、春季勤换垫草。

2）猪群不能过于拥挤,定期消毒圈栏、用具等。

3）新引进的猪应仔细检查,确定无虱才能合群饲养。

4）对猪群进行定期驱虫消毒,对病猪及时治疗。

5）治疗。

①敌百虫,溶解在水中,配成 1%~3% 的溶液喷洒猪体或洗擦患部。间隔 10~14 天再用 1 次,效果更好。敌百虫水溶液要现用现配,不宜久存。

②伊维菌素,每千克体重 0.3 毫克,皮下注射或浅层肌内注射。

③双甲脒,国产双甲脒为 12.5% 乳油剂,配成 0.025%~0.05% 的溶液喷洒猪体,现用现配,间隔 10 天左右再用 1 次。用于预防时可每隔 2~3 个月喷洒 1 次。

第四节　高产母猪常见普通病及防治

一、猪亚硝酸盐中毒

【病因】青菜类饲料（如白菜、卷心菜、萝卜叶、甜菜叶、野生青菜等）均含有一定量的硝酸盐和少量的亚硝酸盐,当长期堆积发生腐烂,或用火焖煮且长久焖在锅内贮存时,其中的硝酸盐大量转为毒性的亚硝酸盐,这些亚硝酸盐被猪摄入体内后,猪血液中氧合血红蛋白转变成高铁血红蛋白,失去携氧能力,导致全身组织器官缺氧、呼吸中枢麻痹而死亡。

【临床症状】病猪表现为食后 10~30 分钟突然发病,狂躁不安,有疼痛感,呕吐、流涎,呼吸困难,心跳加快,走路摇摆乱撞、转圈。皮肤、耳尖、嘴唇及鼻盘等部位开始变得苍白,后变为紫红色,四肢及耳发凉,体温下降,倒地痉挛,口吐白沫（图 6-78）。如果不及时抢救,很快死亡。中毒轻者也可逐渐恢复。

【病理变化】血液呈酱油色,凝固不良,胃内充满食物,胃肠黏膜呈现不同程度的充血、出血,肝脏、肾脏呈乌紫色（花斑状）,肺充血,气管和支气管黏膜充血、出血,管腔中充满带红色的泡沫状液体,心外膜、心肌有出血斑点（图 6-79）。严重病例的胃黏膜脱落或溃疡。

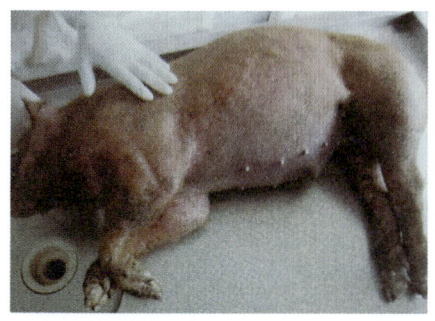
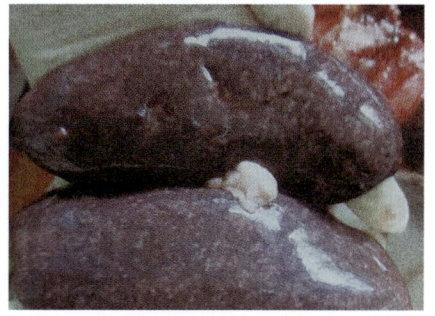

图 6-78　突然死亡猪皮肤呈紫红色，腹部鼓胀　　图 6-79　病猪肾脏呈乌紫色（花斑状）

【防治措施】

1）饲料必须清洁、新鲜，堆放在通风的地方，经常翻动，防止其霉烂。

2）不用发热霉烂的菜叶等喂猪，青饲料要鲜喂，忌蒸煮加盖焖熟。

3）如果发病，尽快剪耳断尾放血，静脉或肌内注射 1% 的亚甲蓝溶液，每千克体重 1 毫克。口服或注射大剂量的维生素 C，静脉注射葡萄糖溶液。心力衰竭者可注射安钠咖。

二、猪菜籽饼（粕）中毒

【病因】菜籽饼（粕）是一种蛋白质饲料，但菜籽饼（粕）中含有硫代葡萄糖苷、芥子酸、硫代葡萄糖苷酶等成分，特别是其中的硫代葡萄糖苷在硫代葡萄糖苷酶作用下，可水解成异硫氰酸丙烯酯或异硫氰酸烯丙酯等有毒成分。若不经处理，长期或大量饲喂可引起中毒。

【临床症状】病猪表现为腹痛，腹泻，粪便带血，食欲减退或废绝，口吐白沫，有时出现呕吐现象（图 6-80），排尿次数增多，有时尿中有血。呼吸困难，咳嗽，鼻腔中流出泡沫样的液体，结膜发绀。严重中毒时，精神极度沉郁，四肢无力，站立不稳，体温下降，耳尖和四肢末端发凉，瞳孔放大，心力衰竭，最后虚脱而死。

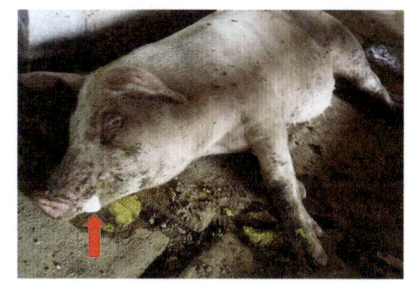

图 6-80　病猪呕吐

【病理变化】肠黏膜充血或点状出血；胃内有少量凝血块；肾脏出血；肝脏混浊肿胀；心内膜和心外膜有点状出血；肺水肿、气肿；血液呈油漆样，凝固不良。

【防治措施】

1）要限制菜籽饼（粕）用量，一般应占饲料的 5% 以下。

2）配合猪饲料时，不要单独使用菜籽饼（粕），应与其他种类的蛋白质饲料进行搭配。

3）进行脱毒处理。

①坑埋脱毒法。选择向阳、干燥、地温较高的地方挖1个约1米^{3}的土坑（根据菜籽饼（粕）的数量确定坑的大小）。将菜籽饼（粕）用一定数量的水（菜籽饼（粕）和水的比例为1∶1的效果最好）浸透泡软后埋入坑内，顶部和底部盖一薄层麦草，盖土20厘米，2个月后取出使用，平均脱毒率为85%左右。

②发酵中和法。在发酵池或缸中放入清洁的40℃温水，然后将碎菜籽饼投入发酵。饼与水的比例为1∶（3.5~4），温度以38~40℃为宜，每隔2小时搅拌1次，经16小时左右，pH达3.8后，继续发酵6~8小时，充分滤去发酵水，再加清水至原有量，搅拌均匀，后加碱中和。中和时，碱液浓度要适宜。在不断搅拌下，分次喷入，中和到pH保持7~8不再下降为止。沉淀2小时，滤去废液，湿饼即可作为饲料。如果长期贮存，还须进行干燥处理。本方法脱毒效果可达90%以上。

4）若发现菜籽饼（粕）中毒，必须立即停喂菜籽饼（粕），改喂其他蛋白质饲料。治疗时洗胃，内服蛋清、牛奶、豆浆等，肌内注射10%安钠咖5~10毫升。

三、猪马铃薯中毒

【病因】马铃薯的幼嫩茎、叶、外皮及幼芽均含有毒素（龙葵素），并在绿色部分还含有硝酸盐类，能形成亚硝酸盐，若猪摄入过量，即可引起中毒。

【临床症状】病猪轻度中毒时，有腹泻、口腔黏膜炎、皮疹等症状，严重中毒时四脚无力，步态摇摆或倒地，肌肉痉挛，流涎，呕吐，体温正常或稍低，母猪发生流产，通常在1~2天内死亡。

【病理变化】胃肠黏膜潮红，出血，腹腔内有暗红色的腹腔积液；肝脏肿大，呈暗黄色；胆囊肿大；肾脏肿胀质软；肺、脾脏肿大。

【防治措施】

1）用马铃薯喂猪时，用量不宜过多，应与其他饲料搭配，最好与其他青饲料混合青贮后再喂。

2）发芽马铃薯应除去幼芽再喂，若带芽喂，必须经高温煮熟，将水滤去再喂。

3）若发现马铃薯中毒，必须立即停喂马铃薯。治疗时先用催吐剂如1%硫酸铜20~50毫升灌服，再用盐类泻剂或液状石蜡，另外配合补糖、补液。出现神经症状可用2.5%盐酸氯丙嗪1~2毫升，肌内注射。

四、猪酒糟中毒

【病因】酒糟是养猪的常用饲料，但酒糟中含有酒精，而且贮存过久易发酵腐败，产生多种有毒的游离酸和杂醇油，若长期饲喂或 1 次饲喂过量均可能引起中毒。

【临床症状】病猪慢性中毒时，主要表现出消化不良、皮炎、血尿等症状，妊娠母猪多有流产。急性中毒时，主要表现兴奋不安，黏膜潮红，气喘，心跳加快，行走摇摆不稳，逐渐失去知觉，常有皮疹，最后体温下降，虚脱而死。

【病理变化】肺水肿、充血，胃肠黏膜充血，肝脏肿胀、质脆。

【防治措施】

1）必须用新鲜酒糟喂猪，并且要限量，最好和青饲料搭配混喂，新鲜酒糟在饲料中所占的比例宜为 20%~30%，干酒糟占 10% 左右。

2）妊娠母猪、泌乳母猪和种公猪最好不喂酒糟，以防流产、产死胎、弱胎及精子畸形等。

3）发现酒糟中毒后要立即停止饲喂。治疗时，用 5% 碳酸氢钠溶液 300~500 毫升内服；用 5% 碳酸钠注射液 70~90 毫升，静脉注射；对兴奋不安的病猪，可肌内注射盐酸氯丙嗪注射液，每千克体重 2 毫克。

五、猪霉败饲料中毒

【病因】饲料贮存不善，如淋雨、水泡、潮湿，加工调制不当等，给霉菌和腐败菌创造了生长繁殖条件，使饲料发霉、腐败变质，产生大量有毒物质，如蛋白质的分解产物和细菌毒素（黄曲霉毒素、赤霉菌毒素、赭曲霉毒素、黄绿青霉素等）等。当猪采食霉败变质饲料后，很快就会引起急性中毒。若长期少量饲喂这种饲料，也会引起慢性中毒。

【临床症状】猪中毒后，初期表现为精神不振，食欲减退，结膜潮红，鼻镜干燥，磨牙，流涎，有时发生呕吐。便秘，排便干而少，后肢步态不稳。病情继续发展，食欲废绝，吞咽困难，腹痛、腹泻，粪便腥臭，常带有黏液和血液。最后病情发展更严重时，病猪卧地不起，失去知觉，呈昏迷状态，心跳加快，呼吸困难，全身痉挛，腹下皮肤出现红紫斑。病初体温升高到 40~41℃，病后期体温下降。慢性中毒时，表现为食欲减退，消化不良，猪体日益消瘦。妊娠母猪常引起流产，哺乳母猪泌乳减少或无乳。

【病理变化】胃黏膜发红、有出血斑，胃壁肿胀；肠系膜呈姜黄色；心外膜有出血点，心内膜有大量出血；膀胱黏膜充血或出血；肺有不同程度的水肿；肝脏肿大，呈黄色。

【防治措施】

1）禁止用霉败变质饲料喂猪，若饲料发霉较轻而没有腐败变质，经暴晒、加热处理等，可以限量饲喂。

2）发现中毒后，要立停喂霉败饲料，改喂其他饲料，尤其是多喂青绿多汁饲料。治疗时可采取排毒、强心补液，对症治疗胃肠炎等措施，如用硫酸钠或硫酸镁 30~50 克，1 次加水内服；用 10%~25% 葡萄糖溶液 200~400 毫升、维生素 C 10~20 毫升、10% 安钠咖 5~10 毫升，混合 1 次静脉或腹腔注射；每头猪每次用磺胺脒 1~5 克，加水内服，每天 2 次。

六、猪食盐中毒

【病因】食盐是猪体不可缺少的营养物质，适量的食盐能增进食欲，促进生长，但过量喂给可引起中毒，甚至造成死亡。食盐中毒主要是由于突然饲喂大量食盐，或大量饲喂含盐量很大的酱油渣、咸鱼粉、腌渍物质、咸菜水等，加之饮水不足而造成的。猪对食盐比较敏感，尤其是仔猪更敏感，食盐对猪的中毒致死量为 125~250 克，平均每千克体重 3.7 克。如果猪每天按每千克体重摄取 2 克食盐，在限制饮水条件下，2~3 天后就会出现中毒症状。

【临床症状】病猪表现为精神不振，食欲减退或废绝，流涎，呕吐，极度口渴，结膜潮红，腹痛，便秘或腹泻，便中带血。神经机能紊乱，前冲后退，有时转圈，呼吸困难，瞳孔放大，结膜潮红，抽搐，心力衰竭，卧地不起，最后昏迷而死亡。

【病理变化】尸僵不全，血液凝固不全；胃黏膜充血、出血，有的出现溃疡；肝脏肿大、瘀血，胆囊肿大，胆汁呈浅黄色；脑脊髓呈现不同程度充血、水肿，急性病例的脑膜和大脑实质（特别是皮质）表现最为明显。

【防治措施】

1）要严格掌握每头猪每天食盐喂量，成年猪 15 克，青年猪 10 克，仔猪 5 克左右。利用酱油渣、鱼粉等含食盐较多的饲料喂猪时，应与其他饲料合理搭配，一般不能超过饲料总量的 10%，并注意每天随时饮足量的水。

2）发现猪食盐中毒后，应立即停喂含盐过多的饲料。这时病猪表现极度口渴，可供给大量清水或糖水，促进排盐和解毒；硫酸钠 30~50 克或油类泻剂 100~200 毫升，加水 1 次内服；用 10% 安钠咖 5~10 毫升、0.5% 樟脑水 10~20 毫升，皮下或肌内注射，以强心利尿排毒。

七、猪磺胺类药物中毒

【病因】磺胺类药物为临床上常用药物之一，如果用量过多或用法不当，就会引起中毒。

【临床症状】病猪表现精神不振，食欲减退或废绝，体温正常或略高，被毛粗乱，喜卧，皮肤有的部分呈紫红色。有的腹泻，排出灰黄色稀粪，痉挛，后肢无力。本病突出症状是病猪后肢跛行或拖拉后肢行走，重症者多卧地不起。

【病理变化】皮下有少量浅黄色液体，皮下与骨骼肌有不同程度的出血斑；淋巴结肿大，呈暗红色，切面多汁；小肠有卡他性炎症，盲结肠黏膜有小块状出血斑，肾脏肿大，呈浅土黄色，肾盂内有黄白色的磺胺结晶沉积物。

【防治措施】

1）使用磺胺类药物时，必须严格控制剂量和疗程，一般 3~5 天为 1 个疗程。

2）一旦出现中毒，立即停药进行治疗，可用 1% 硫酸铜 100 毫升内服，催吐；用 0.05% 高锰酸钾溶液反复洗胃；用硫酸钠或硫酸镁按每千克体重 1 克，加水适量，内服，促使磺胺类药下泻；用 5% 葡萄糖盐水注射液 100 毫升，维生素 B1 和维生素 C 各 2 毫升，静脉或腹腔注射，每天 2 次，连用 2 天，以补液解毒。

八、猪的佝偻病与软骨病

佝偻病常发生于生长迅速的仔猪，软骨病多见于妊娠后期和泌乳过多的母猪。

【病因】饲料中钙和磷缺乏，或二者比例失调，或维生素 D 缺乏且阳光照射不足时，仔猪发生佝偻病，成年猪形成软骨病。此外，猪的胃肠道疾病、寄生虫病、先天发育不良、饲料中蛋白质饲料过多，均会诱发本病。

【临床症状】先天性佝偻病仔猪初生即见面部骨肿大，硬腭突出，四肢肿大，行走时关节不能屈曲。后天性的则病程进展缓慢，病猪喜食泥土，啃咬饲槽、墙壁等，食欲减退，被毛粗乱，生长不良；继而喜卧、厌动，发生跛行，步样强拘，行走困难，强行运动时，步态蹒跚，有时出现低钙性抽搐、突然倒地等症状。病情严重时，骨骼变形，关节部位肿胀、肥厚，有的不能站立，胸廓两侧扁平狭小（图 6-81、图 6-82）。

图 6-81　仔猪骨骼变形，呈 X 形腿（佝偻病）

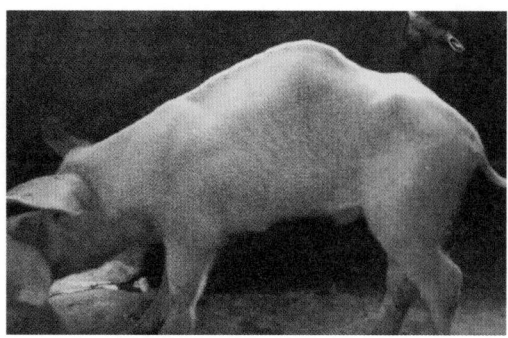

图 6-82　病猪脊柱畸形

成年猪患软骨病时表现行动强拘，后躯麻痹，跛行，自发性股骨、腰椎、骨盆骨等骨折。

【防治措施】

1）改善仔猪、妊娠及哺乳母猪的饲养管理，给予含钙、磷充足且比例合适的饲料，饲料中可补加鱼肝油或经紫外线照射的酵母。

2）加强运动和放牧，保持猪舍光线充足、通风、温暖、干燥，有条件时冬季可用紫外线照射，每天1次，时间为15~20分钟，距离为1~1.5米。

3）治疗。

①维生素D制剂注射液，每头1~2毫升，肌内注射，每天1次，连用5~7天。

②浓缩维生素AD复合液，每头0.5~1毫升，拌入饲料中喂服，每天1次，连用数天。

③维生素D胶性钙，每头1~2毫升，肌内注射。

钙、磷制剂的补充与维生素D同时进行。饲料中可补加骨粉、鱼粉、甘油磷酸钙等。同时，要适当运动和照射阳光。

九、猪白肌病

【病因】猪白肌病的发生原因比较复杂，主要与缺乏维生素E和微量元素硒，以及运动不足有关。本病主要发生20日龄以内的仔猪，体重为30~60千克且生长比较快的猪也多发。本病的发生有一定的地区性，我国东北地区比较严重。

【临床症状】病猪一般营养较好，精神、食欲、体温正常，随着病情发展而出现不愿走动，心跳加快。再进一步发展，则出现腿硬弓背，走路摇晃，前腿跪下，最后呼吸困难，心脏衰竭而死。

本病多发于青饲料缺乏时，根据临床症状和病理变化，特别是用硒和维生素E进行治疗效果的验证不难诊断。

【病理变化】剖检病死猪可发现皮肤发白，结膜苍白水肿；肌肉像水煮过一样，横切面有灰白色坏死灶；肝脏瘀血、肿胀、质脆，有的病例有坏死或出血。

【防治措施】

1）在本病发生地区，应注意在猪饲料中添加维生素E制剂和亚硒酸钠。

2）对病猪可注射维生素E注射液2~3毫升（每毫升含维生素E5毫克），连用3天，同时皮下注射0.1%亚硒酸钠注射液1~3毫升。

十、仔猪贫血症

【病因】仔猪贫血症主要由于缺乏铁、铜、钴等微量元素，尤其是缺乏铁元素所造成的。仔猪出生后生长速度非常快，出生后4周体重可以增长7倍，每天需要铁10毫克左右。但从母乳中获得的铁微乎其微，再动用肝脏、脾脏中贮存的少量铁仍不能满足生长的需要。因此，这时容易发生缺铁性贫血。仔猪开食后，可以从饲料中获得足够的铁，此后就不容易发病。

【临床症状】患病仔猪一般外表肥壮，但精神委顿，心搏亢进，呼吸增快、气喘，在运动后更为明显，眼结膜、鼻端及四肢的颜色苍白，常可出现突然死亡，或由于并发肺炎而死亡。当病程进一步发展，病猪精神更加沉郁，被毛粗乱，眼结膜苍白，往往有轻度黄疸现象，有的发生腹泻，对这样的仔猪进行治疗，常不见效果，即使不死，将来生长速度也明显慢于健康猪。

【病理变化】血液稀薄如红墨水样；肌肉变色；胸、腹腔内常有积液；心脏扩张，质松软；肝脏肿大。

【防治措施】

1）预防仔猪缺铁性贫血，关键是给仔猪补铁，出生后几小时内给仔猪投喂铁化合物以满足生长需要。用硫酸亚铁 2.5 克、硫酸铜 1 克、氯化钴 0.2 克，溶于 1000 毫升水中，用纱布滤过，装入瓶中，待仔猪吮乳时，用干净棉花蘸液刷在母猪的乳头上，让仔猪吮入，也可供仔猪饮用。

2）用肌内注射的方式补铁，对 3 日龄的仔猪肌内注射右旋糖酐铁钴注射液 2 毫升，一般 1 次即可，必要时隔周再注射 1 次。

十一、猪皮肤角化不全症

【病因】猪皮肤角化不全症主要由于饲料中缺乏微量元素锌造成。有时饲料中并不缺少锌，但由于钙的含量多而影响锌的吸收。本病一般发生于长期单纯用干粉料饲喂的猪。

【临床症状】病初两耳有灰黄色鳞屑，大耳朵的猪易见耳的边缘向上内卷，随后被毛粗乱且焦黄，皮肤粗硬而干裂。有症状的皮肤上出现小红斑，上覆鳞屑，随后全身或局部皮肤干燥变厚，弹力减退，尤以眼睑、颈部、腹下、腹侧、四肢、股内侧等处比较明显，并常呈两侧对称。在皮肤表面逐渐覆盖一层灰白色、污秽、石棉状物质，同时由于活动牵动关系，局部常呈现皱褶之间颜色鲜红。一般无痒感，但也有例外。有时因擦擦而发生破溃，如果感染了化脓菌则可引起局部糜烂。轻症病猪体温、食欲均无明显异常，重症病猪可见食欲减退，生长发育迟缓。

【防治措施】

1）在饲料中添加硫酸锌、碳酸锌等含锌添加剂，并适当限制钙的用量，使钙、锌比例维持在 100：1。

2）哺乳仔猪发病可在母猪饲料中加硫酸锌 0.5~1 克/千克，一般在服药后 2~3 天就显现疗效。皮肤开裂严重的病猪，可外涂氧化锌软膏。

十二、猪维生素 A 缺乏症

【病因】原发性维生素 A 缺乏症主要见于饲料中胡萝卜素或维生素 A 含量不足；饲料加工不当，使其氧化破坏；饲料中磷酸盐、亚硝酸盐含量过高，中性脂肪和蛋白质含量不足，影响维生素 A 在体内的转化吸收；机体由于泌乳、生长过快等原因维生素 A 需要量增加。继发性缺乏症主要见于慢性消化不良和肝脏疾病（引起胆汁生成减少和排泄障碍，影响维生素 A 的吸收）以及某些热性病、传染病等。哺乳仔猪维生素 A 缺乏则与母乳质量有关。

【临床症状】仔猪发病后典型症状是皮肤粗糙、皮屑增多、咳嗽、腹泻、生长发育迟缓。严重病例表现为运动失调，多步态摇摆，随后失控，最终后肢瘫痪（图 6-83）。有的猪还表现为行走僵直、脊柱前突、痉挛和极度不安。在后期发生夜盲症、视力减弱和干眼症。妊娠母猪常出现流产和死胎，所生仔猪失明或眼畸形，全身水肿，体质虚弱，易患病和死亡。公猪性欲下降或精子活力低以及排死精子。

图 6-83　病猪消瘦，运动失调，走路摇摆

【病理变化】无特征性变化，主要变化是胃肠道炎症和黏膜增厚。也可见心脏、肺、肝脏、肾脏充血。

【防治措施】

1）保证饲料中含有充足的维生素 A 或胡萝卜素及玉米黄素，消除影响维生素 A 吸收、利用的不利因素。

2）做好饲料的收割、加工、调制和贮存工作，如谷实类饲料贮存时间不宜过长，配合饲料要及时饲喂。

3）发病后，可肌内注射维生素 AD 2~5 毫升，隔天 1 次。可每天将 10~15 升鱼肝油拌入饲料中。尚未开食的猪可灌服鱼肝油 2~5 毫升，每天 2 次。对眼部、呼吸道和消化道的炎症应对症治疗。

十三、猪 B 族维生素缺乏症

【病因】B 族维生素缺乏症是由 B 族维生素缺乏引起的多种疾病的总称。B 族维生素来源广泛，在青饲料、酵母、麸皮、米糠及发芽的种子中含量较高，只有玉米中缺乏烟酸，但 B 族维生素易于在水中丧失，很少或几乎不能在体内贮存，因此，饲料中 B 族维生素短期缺乏或不足就足以影响猪的健康。

【临床症状】

（1）维生素B_1（硫胺素）缺乏症　缺乏维生素B_1时，病猪食欲显著下降，呕吐、腹泻，生长不良，皮肤和黏膜发绀，可突然死亡。

（2）维生素B_2（核黄素）缺乏症　病猪发病初期表现为生长缓慢，消化机能紊乱，患白内障，皮肤粗、干、变薄，继而发生红斑疹及鳞屑性皮炎，局部脱毛、溃疡、脓肿等。这些病变主要见于鼻和耳后、背中线及其附近、腹股沟区、腹部及蹄冠部等处。母猪还可引起繁殖及泌乳性能不良。

（3）烟酸（维生素PP）缺乏症　病猪食欲消失，消瘦，严重腹泻，患皮炎，神经紊乱，贫血。

（4）泛酸（维生素B_5）缺乏症　病猪食欲不振，生长发育不良，被毛脱落，运动失调，腹泻，咳嗽。母猪表现繁殖和泌乳性能降低。病理剖检时可见结肠充血、水肿和发炎。

（5）维生素B_6（吡哆素）缺乏症　病猪生长停滞，腹泻，严重的表现红细胞低色素性贫血，抽搐，运动失调及肝脂肪浸润。在癫痫型抽搐之前，猪常表现为激动和神经质。

（6）生物素（维生素H）缺乏症　病猪表现为脱毛，患皮肤病，皮肤溃疡，后腿痉挛，蹄横向开裂、出血及口腔黏膜炎症等。

【防治措施】在饲料配合时，注意充分供应富含B族维生素的糠麸及青绿饲料，在治疗病猪时，应添加B族维生素或增加糠麸及青绿饲料。

十四、成年母猪不孕症

【病因】母猪营养不良，性机能减退，发情失常或不发情；母猪过肥造成内分泌失调；母猪过老，卵巢发生进行性萎缩，性机能减退或消失；血缘很近的公、母猪进行交配，有时不能正常受精；此外，慢性子宫内膜炎和卵巢囊肿、阴道炎等也可导致母猪不孕。

【临床症状】发情无规律，或长时间不发情，性欲减退，无明显的发情征候，屡配不孕。

【防治措施】

1）加强母猪的饲养管理，合理搭配饲料，保持母猪八成膘。

2）掌握母猪的发情规律，做到适时配种。

3）要选择优良公猪配种，防止近亲交配。

4）对于不孕母猪，应做详细的调查、分析，找出不孕原因，根据不同原因，采取不同的处理方法。如营养不良所致，要加强营养；过肥的应加强运动；母猪过老应淘汰，不能再作种用；子宫内膜炎应采取冲洗子宫等方法；若是性欲缺乏，可肌内注射苯甲雌二醇2毫升或己烯雌酚3~5毫升。

十五、母猪子宫炎

【病因】母猪子宫炎是其子宫内膜发生炎症的疾病。主要原因是人工授精时不遵守卫生规则，器皿和输精管消毒不严，使母猪子宫内发生感染；母猪难产时，手术助产不卫生也可感染。另外，子宫脱出、胎衣不下、子宫复旧不全、流产、胎儿腐败分解、死胎存留在子宫内等，均能引起子宫炎。

【临床症状】病猪主要表现为弓背、努责，从阴门流出液性或脓性分泌物，严重病例的分泌物呈污红色或棕色，并有恶臭味，站立走动时向外排出，卧下时排出更多。急性病例表现为体温升高，精神沉郁，食欲不振，不愿给仔猪哺乳，有的病猪发情不正常，发情时流出更多的炎性分泌物，这种猪通常屡配不孕，即使偶尔妊娠，也易引起流产。

【防治措施】

1）猪舍保持清洁干燥，母猪临产时要调换清洁垫草，在助产时注意严格消毒，操作要轻巧细微，产后加强饲养管理，人工授精要进行严格消毒。在处理难产时，取出胎儿、胎衣后，将抗生素装入胶囊内直接塞入子宫腔，可预防子宫炎的发生。

2）发病治疗时用10%氯化钠、0.1%高锰酸钾、0.1%乳酸依沙吖啶、1%明矾、2%碳酸氢钠，任选一种冲洗子宫，必须把液体导出，最后，注入青霉素、链霉素各100万国际单位。对体温升高的病猪，用安乃近10毫升或安痛定10~20毫升，肌内注射；用青霉素、链霉素各200万国际单位，肌内注射。

十六、母猪乳腺炎

【病因】乳腺炎是由病原微生物侵入乳房引起的炎症病变。主要由于母猪腹部下垂接触粗糙地面，在运动中容易擦伤乳房而感染发炎，或因猪舍潮湿，天气寒冷，乳房冻伤，仔猪咬伤乳头等细菌感染而发炎。另外，在母猪产前、产后，突然喂给大量多汁和发酵饲料，乳汁分泌过多，积聚于乳房内，也易引起乳腺炎。

【临床症状】病猪一个乳房和几个乳房同时发生肿胀，疼痛，当仔猪吮乳时，母猪突然站立，不让仔猪吮乳。诊断检查乳房时，可见乳房充血、肿胀，触诊乳房发热、硬结、疼痛，挤出乳汁稀薄如水，逐渐变为乳清样，乳汁中有絮状物。患化脓性乳腺炎时，挤出的乳汁呈黄色或浅黄色的絮状物。脓肿破溃时，流出大量脓汁。患坏疽性乳腺炎时，乳房肿大，皮肤呈紫红色，乳汁呈红色，并带有絮状物和腥臭味。严重病例，母猪精神不振，食欲减退或废绝，伏卧不起，泌乳停止，体温升高。

【防治措施】

1）哺乳母猪舍应保持清洁干燥，冬季产仔应多垫柔软干草，仔猪断奶前后最好能做到逐渐减少喂乳次数，使乳腺活动慢慢降低。

2）母猪发病后，病初用毛巾或纱布浸冷水，冷敷发炎局部，然后涂擦10%鱼石脂软膏；对体温升高的病猪，用安乃近10毫升或安痛定10~20毫升，肌内注射；用青霉素、链霉素各200万国际单位，肌内注射，每天2次，连用2~3天。乳房脓肿时，必须成熟之后才可切开排脓，用3%过氧化氢（双氧水）或0.3%高锰酸钾冲洗脓腔，之后涂甲紫和消炎软膏。

十七、妊娠母猪流产

【病因】饲料营养不良，缺乏蛋白质、维生素等；饲喂发霉变质饲料；挤压或击伤，用药不当；高度近亲繁殖；传染病（布鲁氏菌病或乙型脑炎等）或寄生虫病等。

【临床症状】母猪乳房肿胀，阴道黏膜充血，从阴道内流出污红色分泌物。母猪努责，产出不足月的死胎（图6-84）。有的母猪无明显症状而突然流产。

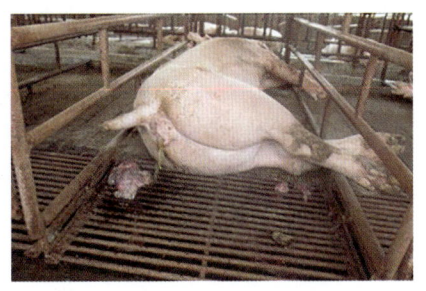

图6-84　病猪产出不足月的死胎

【防治措施】

1）平时要给母猪全价营养饲料，不喂霉变饲料。

2）妊娠中期的母猪要单圈饲养。

3）母猪有流产征兆时，可用黄体酮10~30毫克，肌内注射，每天1次，连用2~3次。

十八、母猪阴道脱出

猪阴道壁部分或全部突出于阴门之外，称为阴道脱出。本病在产前或产后均可发生，尤以产后发生较多。

【病因】固定阴道的组织松弛，腹内压增高及努责过强是直接原因。

母猪饲养不当，如饲料中缺乏蛋白质及无机盐，或饲料不足，造成母猪瘦弱；多次经产的老母猪全身肌肉弛缓无力，阴道固定组织松弛，也常有这种现象；猪舍狭小，运动不足，妊娠末期经常卧地，或发生产前截瘫，可使腹内压增高，此时子宫和内脏共同压迫阴道，易发生本病。此外，母猪剧烈腹泻而引起的不断努责，产仔时及产后发生的努责过强，以及难产时助产抽拉胎儿过猛，均易造成阴道脱出。

【临床症状】临床上根据阴道脱出的程度，分为阴道部分脱出和阴道全脱。

阴道部分脱出时母猪卧地后见到从阴门突出鸡蛋大或更大些的红色球形脱出物，在站立时脱出物又可缩回，随着脱出的时间拖长，脱出部逐渐增大，可发展成为阴道全脱（图6-85）。阴道全脱为整个阴道呈红色大球状物脱出于阴门之外，母猪站立后也不能缩回。严重病例可于脱出物的末端发现呈结节状的子宫颈，有时直肠也同时脱出，如果不及时治疗，阴道黏膜瘀血、水肿乃至损伤、发炎及坏死。

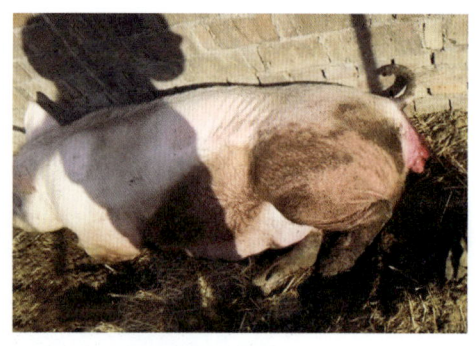
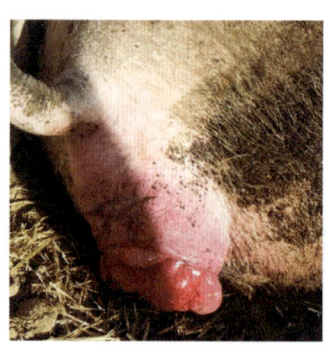

图6-85 母猪阴道脱出

【防治措施】首先用清水彻底清洗脱出部，再用0.1%高锰酸钾或2%明矾冲洗，冲洗后用手将脱出部分还纳到原位，然后采用阴门缝合法进行固定。阴门的缝合多用纽扣缝合法或圆枕缝合法。一般应从距阴门3~4厘米处下针，针穿入要深，针的穿出位置以距阴门约0.5厘米为宜，并且用三道缝合，只缝阴门上角及中部，以免影响排尿。缝合数天后，如果母猪不再努责，或临近分娩，应立即拆线。也可在阴道周围注射普鲁卡因青霉素或用70%酒精10毫升在阴门周围做分点注射。

妊娠母猪要加强饲养管理，饲料中要含有足够的蛋白质、无机盐及维生素，适当运动以增强母猪的体质，预防本病的发生。

十九、母猪子宫套叠及子宫脱出

母猪子宫角前端翻入子宫腔或阴道内，称为子宫套叠；子宫全部翻出于阴门外，称为子宫脱出。两者为同一个病理过程，但程度不同。子宫脱出通常发生在分娩后数小时内，因为此时子宫尚未收缩，子宫颈仍开放着，子宫体及子宫角容易翻转和脱出。

【病因】妊娠期间运动不足、饲养不当及母猪年老体弱，全身组织弛缓无力，子宫肌弛缓，胎儿过多或过大等可使子宫过度伸张，都易引发子宫脱出。

母猪分娩之后努责过强，胎衣不下时用力牵拉，也可引发本病。

【临床症状】子宫套叠或脱出时，病猪站立时常拱背、举尾，频频努责，做排尿姿势，有时排出少量粪尿。以手伸入产道，可摸到套叠的子角突入子宫颈或阴道内，病猪卧下时,有时可发现阴道内突出的红色球状物。脱出的子宫角很像脱出的肠管,但其表面呈紫红色,脱出时间稍久,黏膜即发生瘀血、水肿,继而发生坏死(图6-86)。脱出子宫有时可将卵巢及子宫系膜扯断,而发生致死性内出血,病猪迅速出现急性贫血症状。

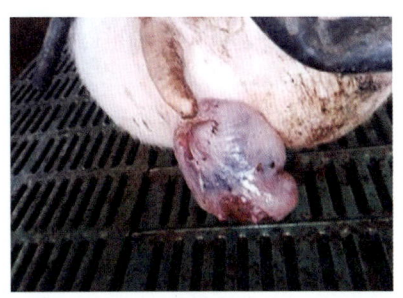

图6-86 母猪子宫脱出

【防治措施】猪发生子宫脱出后,必须立即进行整复和固定。

整复时应将病猪后躯抬高,用0.1%高锰酸钾冲洗子宫,除去污物和胎衣。水肿严重者可用3%明矾冲洗,子宫黏膜的小损伤应涂以2%碘酊,较大和较深的创口应缝合。在病猪努责间歇期,向内推压,依次内翻,直到将两子宫角先后推入产道乃至腹腔内。如果未完全使之恢复原位,应注入灭菌溶液2000~4000毫升(每1毫升加入100单位青霉素),以使子宫角恢复原位。为了防止再脱出,应行阴门缝合法(参照阴道脱出)加以固定,3天后即可拆线。为了防止感染,整复后肌内注射青霉素,连用3~5天。

脱出子宫无法整复,或有大的损伤和坏死时,为了留作育肥,可行子宫切除术。先于子宫后方用丝线或细绳系一猪蹄扣,缓慢拉紧并充分结扎。在结扎处后方4~5厘米处切掉子宫,断端烧烙至结痂为止,并涂以碘酊,送回阴道。术后可肌内注射抗生素,每天用明矾水冲洗阴道。结扎线经7~15天即可脱落。

妊娠母猪要加强饲养管理,饲料中要含有足够的蛋白质、无机盐及维生素,适当运动,以增强母猪的体质,预防本病。

二十、母猪产后胎衣不下

胎膜在胎儿产出后应由子宫收缩自行排出,猪一般经10~60分钟即自行排出,如果2~3小时仍然停留在子宫中,即为胎衣不下。

【病因】

1)母猪妊娠期间饲养管理不善,饲料中矿物质和蛋白质不足,体质瘦弱,产后子宫弛缓,子宫收缩无力。

2)猪舍过于窄小,妊娠猪缺乏运动,或母猪过肥,胎儿过大、过多、胎水过多,难产,产后阵缩微弱,以致胎衣不能顺利排出。

3)由于子宫炎症及胎盘发炎过程,使绒毛和子宫粘连,也可引起胎衣不下。

【临床症状】母猪分娩后3小时胎衣部分或全部滞留在子宫内,也有胎衣悬挂于阴门之外。

母猪表现不安，不断努责，食欲减少或废绝，但喜欢饮水。如胎衣在子宫内滞留过久，则从阴门流出暗红或红白色带有恶臭的排泄物（图6-87）。此时体温升高。

【防治措施】在母猪妊娠期间，应注意饲料中的矿物质和蛋白质的含量，不能缺少。应将妊娠母猪饲养于较宽敞的猪舍，每天给予适当运动，母猪膘情以保持不肥不瘦为宜，以使母猪在分娩

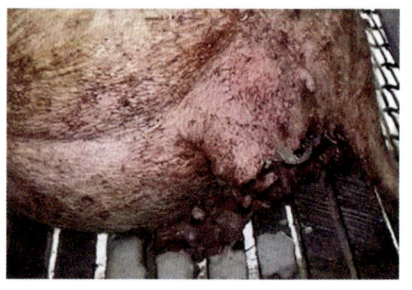

图6-87 母猪产后胎衣不下

时子宫和腹肌均有一定的收缩力，即不易发生胎衣滞留。如果已发生胎衣不下，迅即采取如下措施：

1）当母猪分娩后8~12小时胎衣仍不下时，用催产素（缩宫素）10~20单位皮下注射。如果仍不下，2小时后再重复1次。如果胎衣不下已超过24小时，此法效果不佳。

2）用麦角新碱（马来酸麦角新碱1毫升含0.2毫克，2毫升含0.5毫克）0.2~0.4毫克皮下注射。或用脑垂体后叶注射液20~40单位皮下注射。

3）还可用10%氯化钙20毫升、10%葡萄糖100~200毫升静脉注射。

4）若子宫有残余胎衣片，用0.1%乳酸依沙吖啶100~200毫升注入子宫，每天1次，连用3~5天。

5）如果未下胎衣比较完整，用10%氯化钠500毫升从胎衣外注入子宫，可使胎儿胎盘缩小，与母体胎盘分离而易排出。

6）为防止胎衣腐败及子宫感染，可向子宫投放四环素或土霉素0.5~1克。

二十一、母猪产后瘫痪

产后瘫痪是产后母猪突然发生的一种严重的急性神经障碍性疾病，其特征是知觉丧失及四肢瘫痪。

【病因】本病的病因目前还不十分清楚。一般认为是由于血糖、血钙浓度过低引起，产后血压降低等原因也可引起瘫痪。

【临床症状】本病多发生于产后2~5天。病猪精神极度萎靡，一切反射变弱，甚至消失。食欲显著减退或废绝，躺卧昏睡，体温正常或稍高，粪便干硬且少，以后则停止排粪、排尿。轻者站立困难，重者不能站立（图6-88~图6-90）。

【防治措施】首先，静脉注射10%葡萄糖酸钙注射液50~150毫升和50%葡萄糖注射液50毫升，每天1次，连用数天。同时应投给缓泻剂（如硫酸钠或硫酸镁），或用温肥皂水灌肠，清除直肠内蓄积的粪便。其次，对猪进行全身按摩，以促进血液循环和神经机能恢复。增垫柔软的褥草，经常翻动病猪，防止发生褥疮。

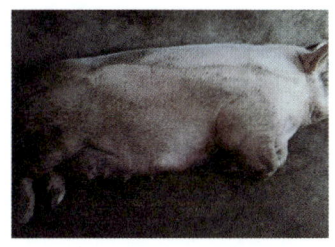
图6-88 母猪产后卧地不起

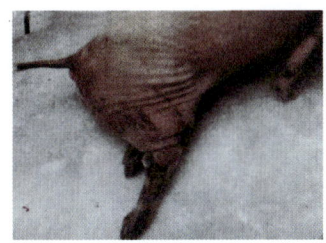
图6-89 母猪产后后肢无力

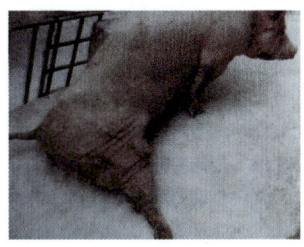
图6-90 母猪产后后肢无力，站立困难

二十二、母猪缺乳症

母猪产仔后泌乳量少，甚至无乳，称为缺乳症，泌乳受神经内分泌的调节，一旦分泌发生紊乱，就会影响泌乳。此外，泌乳量的多少，还与遗传因素有关。

【病因】饲料配合不当、缺乏营养，致使母猪体质瘦弱；精饲料过多、缺乏运动，致使母猪过胖、内分泌失调；母猪早配、早产或猪内分泌不足，严重疾病或热性传染病等，都可引起母猪缺乳。

【临床症状】产后乳房没乳汁或泌乳量很少。乳房松弛或缩小，挤不出乳汁或乳汁稀薄如水（图6-91）。

【防治措施】

1）加强饲养管理，给母猪增补蛋白质饲料和多汁饲料。

2）防止仔猪咬伤母猪乳头。如果发现母猪乳头有外伤，应及时治疗以防止感染。

图6-91 病猪泌乳量少，仔猪饥饿，叼着乳头不愿离开

3）保持猪舍干燥卫生，每天按摩母猪乳房数次。

4）治疗用青霉素100万国际单位，1%普鲁卡因20~50毫升，乳房局部封闭注射。

5）中药催乳。

①当归30克，王不留行30克，黄芪60克，路路通30克，红花25克，通草20克，漏芦20克，瓜蒌25克，泽兰20克，丹参20克，共研为末，每次喂服60~90克。

②穿山甲、王不留行各18克，通草、生黄芪各15克，生甘草20克，研为细末，1次喂服。

③瞿麦、麦冬、龙骨、穿山甲、王不留行各18克，研为细末，拌食喂服。

④当归30克，瓜蒌1个，白芷15克，知母12克，连翘12克，双花穿山甲各15克，通草6克，王不留行、甘草各15克，共为细末，1次喂服。

⑤王不留行20克，通草、穿山甲、白术各9克，白芍、当归、黄芪、党参各12

克，研为细末，1次喂服。

6）因猪体肥胖而致缺乳的，可选用以下方剂：

①炒苏子12克，炒莱菔子12克，元胡9克，当归12克，川芎12克，穿山甲9克，炒王不留行24克，花粉9克，香附9克，水煎，1次灌服。

②鲜柳树皮250克，木通15克，当归30克，水煎，1次灌服。

7）因猪内分泌机能失调而致缺乳的，可用以下药物和方法治疗。

①己烯雌酚2~4毫升，肌内注射，每天1次，连用7~8天。

②绒毛膜促性腺激素500~1000单位，用生理盐水2毫升稀释，肌内注射，每7天注射1次，连续注射数次。

二十三、母猪产后便秘

母猪产后便秘，是由于分娩时间过长（有时超过1天），影响了正常排粪规律，而使积粪聚积于直肠和结肠后段而形成便秘。

【病因】

1）母猪分娩前几天每顿喂食太多，并且较稠，饮水较少，粪便在肠内运行缓慢，水分被吸收较多，母猪分娩中无暇排粪，致易形成便秘。

2）母猪分娩结束后，腹腔内压骤减，有了饥饿感，而肠内积聚的大量粪便却因分娩时间过度延长而未能按时排出，因其充盈肠管，使肠管的蠕动趋于弛缓，更难排泄。当在产后24小时内未排粪，却给予喂食，积粪在肠内移至结肠后段，更增加排粪的困难。

【临床症状】母猪喜卧，在分娩后未排粪，或仅排少量球状粪便（图6-92），即喂食，自这次喂后即不再取食，饮水量也逐渐减少，然后即停止排粪，平时多睡卧，站起来走动的现象也逐渐减少。体温正常。因泌乳量少致仔猪经常因吮乳不畅而叫唤，消瘦，仔猪咬乳头而使母猪拒绝哺乳，如输液即可听到仔猪的吮乳声。尿少而稠。

图6-92 病猪鼓噪喜卧，仅排少量球状粪便

【防治措施】

1）妊娠母猪在预产期前3~5天内应减少饲喂量，并将饲料调制得稀些，每天做适当运动，以促进胃肠蠕动，可避免在分娩时因胃肠内容物多，在分娩时间过长的情况下使粪便积聚不能适时排出，不仅影响分娩，而且也易形成便秘。

2）在母猪完成全部分娩后，在24小时内不急于喂食，因母猪在长时间的分娩期，体力耗尽,胃肠弛缓,虽然也因长时间未食而有饥饿感,但在没有排大泡粪时,积聚在结肠后段的积粪将会阻碍后来进食的饲料向后移动而增加排粪困难。因此,当母猪结束分娩后,必须等待排大泡粪后才能喂给较稀的饲料,以免发生产后便秘。

3)治疗。对病猪采取如下措施:

①用液状石蜡100~200毫升、人工盐50~100克、温水1000~2000毫升,1次导服。

②用1%温盐水1000~2000毫升、液状石蜡50~100毫升灌肠,每天2次。

③母猪不饮(或少饮)、不食,泌乳量减少,为满足哺乳需要,每天可进行2次输液。每次用含糖盐水1000~1500毫升、50%葡萄糖100~200毫升、10%樟脑磺酸钠10~20毫升、25%维生素C 2~4毫升静脉注射。每次静脉注射后可明显听到仔猪吮乳的吞咽声。

二十四、猪的食滞

【病因】猪处于饥饿状态下摄入大量饲料;也可能多摄入了易膨胀和发酵的饲料,如大豆、霜后苜蓿、醪糟等,食后又大量饮水,使胃内被大量饲料充满,引起胃壁扩张的消化障碍。此外,突然更换饲料或运动不足等也能引起发病。

【临床症状】病猪食欲减退或废绝,有时可见呕吐,吐出物酸臭。腹围膨大,压诊腹壁坚实,有痛感。眼结膜发红,呼吸急促,急性病例常出现腹痛,表现为起卧不安,两前蹄刨地,体温一般无变化。

【防治措施】

1)喂食要定时定量,防止过食。

2)适当运动,以增强胃的消化。

3)一经发病,应限制喂食和饮水,促其做缓步运动或腹部按摩,对病情严重者应谨慎,防止胃破裂。

4)药物治疗。灌服缓泻剂,采用灌服硫酸钠或硫酸镁等缓泻剂(也可用液状石蜡或植物油作泻剂)的方法有助于猪排出积食;注射药物,注射氯化氨甲酰甲胆碱可以刺激胃肠道蠕动,与缓泻剂协同作用,更有效地清除胃内积食;抗生素治疗,若猪仍无食欲,可考虑注射头孢类抗生素与双黄连,另一侧注射复合维生素B以帮助猪恢复食欲。

二十五、猪肺炎

肺炎是肺实质发生炎症。因病因、病变性质及范围不同,常见的有小叶性肺炎、大叶性肺炎和异物性肺炎。

【病因】小叶性肺炎和大叶性肺炎是因为饲养管理不当,猪舍脏乱,阴暗潮湿,天气严寒,冷风侵袭及肺炎双球菌、链球菌等侵入猪体内所致。此外,某些传染病(如流感、猪巴氏杆菌病等）及寄生虫病（如猪肺丝虫、猪蛔虫等）也可继发本病。

异物性肺炎（坏死性肺炎）多因投药方法不当，将药投入气管所引起。

【临床症状】猪患小叶性肺炎和大叶性肺炎时，体温可升高到40℃以上，食欲减退或废食，精神不振，结膜潮红，咳嗽，呼吸困难，心跳加快，粪干，寒战，喜钻草垛，鼻流黏液性或脓性鼻液，胸部听诊有捻发音和啰音。

异物性肺炎，除病因明显外，常发生肺坏疽，流出灰褐色鼻液，并伴有恶臭味。

【防治措施】

1）加强饲养管理，防止猪感冒。

2）给猪投药时，要正确掌握要领，谨慎操作，防止投错。

3）治疗。

①青霉素，每千克体重1万~1.5万国际单位，用蒸馏水稀释，肌内注射，每天2次。

②链霉素，每千克体重10毫克，用蒸馏水稀释，肌内注射，每天2次。

③20%磺胺嘧啶钠，每头猪20毫升，肌内注射，每天2次。

④硫酸卡那霉素，每千克体重2万~4万国际单位，肌内注射，每天1次。

⑤2.5%恩诺沙星注射液，每千克体重1毫升，肌内注射，每天1次；环丙沙星、恩诺沙星等，参照使用说明使用。

二十六、猪中暑

猪对热的耐受力差，长时间在烈日照射下，就会发生日射病，而在潮湿闷热的环境中则易引起热射病。日射病和热射病通称为中暑。

【病因】猪中暑主要发生在炎热的夏季，猪长时间受烈日照射、长途运输、追赶、过度疲劳及猪舍狭窄、猪多拥挤、通风不良，影响体热散发，都易引起本病发生。

【临床症状】病猪表现突然发病，呼吸急促，心跳加快，体温升高到42℃以上，眼结膜充血，口吐泡沫，兴奋狂躁不安，出汗，走路摇晃，瞳孔放大，卧地不起，如抢救不及时，常因心脏衰竭而死亡。

【防治措施】

1）夏季猪舍要通风良好，运动场应搭好凉棚。

2）在猪圈或运动场一角设浅水池，经常供给清凉饮水。

3）发现猪中暑时，应立即将病猪移到凉爽通风的地方，并用冷水喷洒头部，剪尾和耳尖放血。静脉或腹腔注射葡萄糖生理盐水100~500毫升。对精神兴奋的病猪可注射氯丙嗪，每千克体重2毫克。

二十七、猪脱肛

猪脱肛是指直肠的一部分或大部分脱出于肛门外面。

【病因】本病多发生于体质衰弱的小猪，常因消化不良、便秘或顽固性腹泻引起。母猪分娩时过度努责，也往往造成脱肛。

【临床症状】病猪表现为直肠脱出肛门，不能自行恢复。脱出部呈圆柱或半圆球形，初期黏膜呈粉红色，时间稍长因肠管受到肛门括约肌的钳压，血流不畅造成瘀血和炎症水肿，黏膜呈暗紫色，表面干燥，形成横的皱襞（图6-93）。最后变为化脓性坏死，严重的可因败血症而死亡。

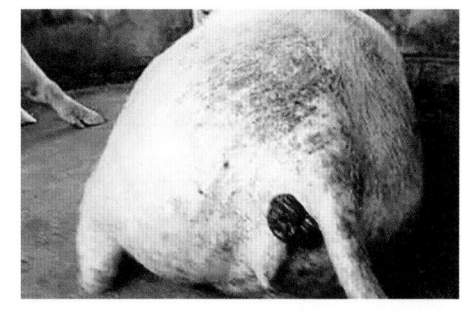

图6-93 肛门内黏膜脱出，呈红色团状物

【防治措施】

1）对仔猪，要喂柔软饲料，保证有足够的蛋白质和青饲料供应，平时应适当地给予运动，饮水要充足。

2）猪发病后，治疗的原则是整复脱出肠管，防止继发外伤和坏死。整复前用0.5%高锰酸钾或1%明矾冲洗直肠和肛门周围的污染物。助手将猪的后腿抬起，术者把脱出的直肠送回。如果脱出时间较长，黏膜发生水肿和轻度坏死，整复有一定困难，可针刺水肿黏膜，排出水肿液，小心剪去坏死膜，但忌剪断肠壁肌层，然后撒布明矾粉，将脱出的肠管送回。整复时为防止努责，可在肛门边缘1~2厘米处，上、左、右三点皮下注射酒精或1%普鲁卡因10~30毫升。整复后为防止再脱，可在肛门周围做荷包缝合。入针时不要穿过直肠腔，留出一定的排粪口，经7~10天拆除缝线。

附 录

附录 A 妊娠母猪饲养标准

妊娠母猪每千克饲料养分含量见附表 A-1。

附表 A-1 妊娠母猪每千克饲料养分含量（自由采食，88% 干物质）[a]

项目		妊娠前期			妊娠后期		
配种体重/千克[b]		120~150	150~180	>180	120~150	150~180	>180
预期窝产仔数/头		10	11	11	10	11	11
采食量/（千克/天）		2.10	2.10	2.00	2.60	2.80	3.00
饲料消化能含量/（兆焦/千克）[c]		12.75	12.35	12.15	12.75	12.55	12.55
饲料代谢能含量/（兆焦/千克）[c]		12.25	11.85	11.65	12.25	12.05	12.05
粗蛋白质（%）[d]		13.0	12.0	12.0	14.0	13.0	12.0
能量蛋白比/（兆焦/%）		981	1029	1013	911	965	1045
赖氨酸能量比/（克/兆焦）		0.42	0.40	0.38	0.42	0.41	.038
氨基酸[d]（%）	赖氨酸	0.53	0.49	0.46	0.53	0.51	0.48
	蛋氨酸	0.14	0.13	0.12	0.14	0.13	0.12
	蛋氨酸+胱氨酸	0.34	0.32	0.31	0.34	0.33	0.32
	苏氨酸	0.40	0.39	0.37	0.40	0.40	0.38
	色氨酸	0.10	0.09	0.09	0.10	0.09	0.09
	异亮氨酸	0.29	0.28	0.26	0.29	0.29	0.27
	亮氨酸	0.45	0.41	0.37	0.45	0.42	0.38
	精氨酸	0.06	0.02	—	0.06	0.02	—
	缬氨酸	0.35	0.32	0.30	0.35	0.33	0.31
	组氨酸	0.17	0.16	0.15	0.17	0.17	0.16
	苯丙氨酸	0.29	0.27	0.25	0.29	0.28	0.26
	苯丙氨酸+酪氨酸	0.49	0.45	0.43	0.49	0.47	0.44

（续）

项目		妊娠前期	妊娠后期
矿物质元素（%）e	钙		0.68
	总磷		0.54
	非植酸磷		0.32
	钠		0.14
	氯		0.11
	镁（%）		0.04
	钾（%）		0.18
	铜/（毫克/千克）		5.0
	碘/（毫克/千克）		0.13
	铁/（毫克/千克）		75.0
	锰/（毫克/千克）		18.0
	硒/（毫克/千克）		0.14
	锌/（毫克/千克）		45.0
维生素和脂肪酸 f	维生素A/（国际单位/千克）		3620
	维生素D_3/（国际单位/千克）		180
	维生素E/（国际单位/千克）		40
	维生素K/（毫克/千克）		0.50
	硫胺素/（毫克/千克）		0.90
	核黄素/（毫克/千克）		3.40
	泛酸/（毫克/千克）		11
	烟酸/（毫克/千克）		9.05
	吡哆醇/（毫克/千克）		0.90
	生物素/（毫克/千克）		0.19
	叶酸/（毫克/千克）		1.20
	维生素B_{12}/（微克/千克）		14
	胆碱/（克/千克）		1.15
	亚油酸（%）		0.10

注：摘自 NY/T 65—2004《猪的饲养标准》。

a. 消化能、氨基酸是根据我国一些企业的经验数据和 NRC（1998）妊娠模型得到的。

b. 妊娠前期指妊娠前 12 周，妊娠后期指妊娠后 4 周；120~150 千克阶段适用于初产母猪和因泌乳期消耗过度的经产母猪，150~180 千克阶段适用于自身尚有生长潜力的经产母猪，＞180 千克指达到标准成年体重的经产母猪，其对养分的需要量不随体重增长而变化。

c. 假定代谢能为消化能的 96%。

d. 以玉米－豆粕型日粮为基础确定的。

e. 矿物质元素需要量包括饲料原料中提供的矿物质元素量。

f. 维生素需要量包括饲料原料中提供的维生素量。

附录 B 猪的日粮配方实例

猪的日粮配方实例见附表 B-1~附表 B-6。

附表 B-1 仔猪人工乳配方

	项目	配方1	配方2	配方3
饲料种类	牛乳/毫升	1000	1000	1000
	全脂乳粉/克	50	100	200
	葡萄糖/克	20	20	40
	鸡蛋/枚	1	1	1
	矿物质溶液/毫升	5	5	5
	维生素溶液/毫升	5	5	5
营养水平	干物质(%)	19.6	23.4	24.65
	总能/兆焦	4.48	5.65	5.23
	消化能/兆焦	4.017	4.77	5.19
	粗蛋白质/(克/升)	56.0	62.6	62.3

注：适用于初生至10日龄的仔猪。配方中除鸡蛋、矿物质、维生素溶液外，用蒸汽高温煮沸消毒，冷凉后加入前述营养物质。

附表 B-2 10~20 千克体重仔猪日粮配方

	项目	配方1	配方2	配方3	配方4	配方5
饲料种类(%)	玉米	54.4	55.1	57.8	57.4	57.4
	豆粕	28.6	26.5	23.4	25.0	23.7
	麸皮	13.3	10.7	7.1	9.9	8.2
	菜籽饼		4.0	4.0		4.0
	花生饼			4.0	4.0	3.0
	石粉	1.0	1.0	1.0	1.0	1.0
	磷酸氢钙	1.4	1.4	1.4	1.4	1.4
	食盐	0.3	0.3	0.3	0.3	0.3
	预混料	1.0	1.0	1.0	1.0	1.0
	合计	100	100	100	100	100
营养水平	消化能/(兆焦/千克)	13.18	13.22	13.10	12.26	13.05
	粗蛋白质(%)	18.71	18.87	18.44	18.77	18.46

附表 B-3　断奶仔猪日粮配方

	项目	5~44日龄	45~49日龄	50~59日龄	60~75日龄
饲料种类（%）	玉米	20.0	20.0	22.0	32.0
	高粱	13.0	13.0	20.0	15.0
	小米	18.0	16.0		
	麸皮	4.4	4.4	15.0	15.0
	米糠		5.0	5.0	10.0
	豆饼	20.0	20.0	35.0	25.0
	炒大豆粉	5.0	5.0		
	酵母粉	11.0	11.0		
	砂糖	3.0			
	鱼粉	4.0	4.0		
	骨粉	1.0	1.0	1.0	1.0
	贝壳粉	0.6	0.6	1.0	1.0
	食盐	另加	另加	1.0	1.0
	合计	100	100	100	100
营养水平	消化能/(兆焦/千克)	13.93	14.31	13.51	13.47
	粗蛋白质（%）	18.4	18.8	15.5	13.2

附表 B-4　20~50 千克生长猪日粮配方

	项目	配方1	配方2	配方3	配方4	配方5
饲料种类（%）	玉米	51.7	49.2	49.5	50.7	51.7
	豆粕	19.0	16.6	13.4	15.0	14.9
	麸皮	25.0	25.0	25.0	25.0	25.0
	菜籽饼		5.0	4.0		
	花生饼			4.0	5.0	
	棉籽饼					4.0
	石粉	1.8	1.8	1.7	1.9	2.0
	磷酸氢钙	1.2	1.1	1.1	1.1	1.1
	食盐	0.3	0.3	0.3	0.3	0.3
	预混料	1.0	1.0	1.0	1.0	1.0
	合计	100	100	100	100	100
营养水平	消化能/(兆焦/千克)	12.47	12.34	12.13	12.13	12.26
	粗蛋白质（%）	16.01	16.48	15.95	15.66	15.87

附表 B-5　妊娠母猪日粮配方

项目		配方1	配方2	配方3	配方4	配方5
饲料种类（%）	玉米	54.6	52.0	49.5	54.0	53.1
	豆粕	11.4	8.1	8.6	4.4	8.7
	麸皮	30.0	30.0	30.0	30.0	30.0
	鱼粉				2.0	
	菜籽饼		6.0	5.0	6.0	4.2
	花生饼			3.0		
	石粉	1.3	1.3	1.4	1.3	1.4
	磷酸氢钙	1.4	1.3	1.2	1.0	1.3
	食盐	0.3	0.3	0.3	0.3	0.3
	预混料	1.0	1.0	1.0	1.0	1.0
	合计	100	100	100	100	100
营养水平	消化能/（兆焦/千克）	12.22	12.05	12.05	12.05	12.18
	粗蛋白质（%）	13.69	14.7	14.7	13.6	14.0

附表 B-6　哺乳母猪日粮配方

项目		配方1	配方2	配方3	配方4	配方5
饲料种类（%）	玉米	60.5	61.6	63.7	62.3	63.3
	豆粕	16.3	13.2	11.4	9.2	8.1
	麸皮	19.2	15.3	11.0	16.9	13.0
	鱼粉				2.0	2.0
	菜籽饼		6.0	6.0	6.0	6.0
	花生饼			4.0		4.0
	石粉	1.2	1.1	1.1	1.1	1.1
	磷酸氢钙	1.5	1.5	1.5	1.2	1.2
	食盐	0.3	0.3	0.3	0.3	0.3
	预混料	1.0	1.0	1.0	1.0	1.0
	合计	100	100	100	100	100
营养水平	消化能/（兆焦/千克）	12.76	12.85	12.87	12.76	12.89
	粗蛋白质（%）	14.7	15.05	15.3	14.6	15.2

附录 C 猪常见病的鉴别诊断

猪常见病的鉴别诊断见附表 C-1 ~ 附表 C-5。

附表 C-1 猪常见发热疾病的鉴别诊断

临床表现		猪瘟	非典型猪瘟	伪狂犬病	流感	乙型脑炎	沙门菌病	链球菌病	弓形虫病	猪丹毒	猪肺疫	传染性胸膜肺炎	猪痢疾	肺炎	胃肠炎	产褥热	中暑	繁殖与呼吸综合征	附红细胞体病
热型	高热	√		√		√			√	√	√	√		√		√	√		√
	中热		√		√		√	√					√		√			√	√
	低热																		√
日龄	大	√			√				√	√	√	√				√	√	√	√
	中	√	√	√	√	√	√	√	√		√	√	√	√	√			√	√
	小	√		√			√	√						√	√			√	
皮肤	出血点	√	√					√											√
	瘀斑									√									
	瘀血																√	√	
	无变化			√	√	√	√		√		√	√	√	√	√	√			
运动	喜卧	√	√		√		√	√	√	√	√	√	√	√	√	√		√	√
	失调			√		√		√											
	废绝																√		
食欲	减少	√	√	√	√	√	√	√	√	√	√	√	√	√	√	√	√	√	√
发病率	高	√		√	√		√	√	√	√	√	√	√	√	√		√	√	√
	低		√			√										√			
病死率	高	√		√			√	√	√	√	√	√	√	√	√		√	√	
	低		√		√	√										√			√
呼吸	急促	√	√	√	√		√	√	√	√	√	√		√	√	√	√	√	√
	正常					√							√						
粪便	干	√	√						√	√							√		√
	稀	√	√	√			√	√					√		√				√
	正常				√	√					√	√		√		√		√	
疗效	较好				√		√	√	√	√	√	√	√	√	√	√	√		√
	无效	√	√	√		√												√	

附表C-2 猪常见腹泻性疾病的鉴别诊断

临床表现		仔猪红痢	仔猪黄痢	轮状病毒感染	仔猪白痢	传染性胃肠炎	流行性腹泻	球虫病	沙门菌病	猪瘟	猪丹毒	猪痢疾	伪狂犬病	链球菌病	胃肠炎	繁殖与呼吸综合征	衣原体病
日龄	大					✓	✓			✓	✓	✓	✓	✓	✓	✓	✓
	中					✓	✓		✓	✓	✓	✓	✓	✓	✓	✓	✓
	小	✓	✓	✓	✓	✓	✓	✓	✓	✓		✓	✓	✓	✓	✓	✓
季节	冬季			✓		✓	✓										
	四季	✓	✓		✓			✓	✓	✓	✓	✓	✓	✓	✓	✓	✓
体温	发热	✓		✓		✓	✓		✓	✓	✓		✓	✓		✓	✓
	正常		✓		✓			✓				✓			✓		
传播	散发	✓						✓	✓		✓	✓		✓	✓		
	流行		✓	✓	✓	✓	✓			✓			✓			✓	✓
病情	急性	✓	✓	✓		✓	✓		✓	✓	✓	✓	✓	✓	✓	✓	✓
	慢性				✓			✓	✓	✓		✓			✓		
粪便	黄色		✓														
	白色				✓												
	带血	✓							✓	✓		✓					
	黏液					✓		✓	✓			✓			✓		
	水泻			✓		✓	✓										
发病率	高	✓	✓	✓	✓	✓	✓			✓		✓	✓			✓	
	低							✓	✓		✓			✓	✓		✓
病死率	高	✓	✓			✓			✓	✓	✓		✓	✓		✓	
	低			✓	✓		✓	✓				✓			✓		✓
疗效	较好				✓			✓							✓		
	无效	✓								✓		✓	✓	✓		✓	✓
神经症状	有									✓			✓	✓			
	无	✓	✓	✓	✓	✓	✓	✓	✓		✓	✓			✓	✓	✓

附表 C-3　猪呼吸困难疾病的鉴别诊断

临床表现		猪瘟	沙门菌病	流感	猪肺疫	气喘病	传染性胸膜肺炎	萎缩性鼻炎	繁殖与呼吸综合征	肺炎	蛔虫病	中暑	中毒症	圆环病毒病	衣原体病
体温	高热	√	√	√	√		√			√		√			√
	正常					√		√	√		√		√	√	
呼吸	急促	√	√	√	√	√	√		√	√	√	√	√	√	√
	困难	√			√	√	√	√	√	√	√	√	√	√	√
病情	急性	√	√	√	√		√		√	√		√	√		√
	慢性	√	√			√	√	√	√	√	√			√	√
食欲	减少	√	√	√	√	√	√		√	√	√	√	√	√	√
	正常							√							
咳嗽	有	√		√	√	√	√		√	√	√			√	√
	无		√					√				√	√		
粪便	腹泻	√	√										√		
	正常			√	√	√	√	√	√	√	√	√		√	√
发病率	高	√	√	√		√	√		√		√	√	√		
	低				√			√		√				√	√
病死率	高	√	√		√		√					√	√		
	低			√		√		√	√	√	√			√	√
日龄	大						√					√			
	小		√					√			√			√	
	不限	√		√	√	√			√	√			√		√
疫苗	有	√	√	√	√	√	√	√	√					√	√
	无									√	√	√	√		
疗效	较好		√	√	√	√	√	√		√	√				√
	较差	√							√			√	√	√	

附表C-4 猪常见神经症状疾病的鉴别诊断

临床表现		仔猪先天性震颤	仔猪低血糖症	伪狂犬病	猪水肿病	猪瘟	链球菌病	李氏杆菌病	弓形虫病	风湿症	中暑	生产瘫痪	硒缺乏症	衣原体病
体温	高热					√	√	√	√		√			√
	正常	√	√	√	√					√		√	√	
日龄	成年猪			√		√	√	√	√	√	√	√		√
	仔猪	√	√	√	√	√	√	√	√	√			√	√
神经症状	共济失调			√				√					√	√
	转圈	√						√						
	沉郁		√								√			
	瘫痪									√		√	√	
病情	急性	√	√	√	√	√	√	√	√		√			√
	慢性							√	√	√		√	√	√
病因	感染			√	√	√	√	√	√					√
	代谢病		√									√	√	
	其他	√								√	√			
发病率	较高	√	√	√	√	√	√	√	√	√	√	√	√	√
	低	√												
病死率	高		√	√	√	√	√				√			
	较低							√	√	√		√	√	√
疗效	较好		√				√	√	√	√	√	√	√	
	无效	√		√	√	√								√
粪便	腹泻				√	√								
	正常	√	√	√			√	√	√	√	√	√	√	√

附表C-5 猪常见繁殖障碍性疾病的鉴别诊断

临床表现		乙型脑炎	细小病毒感染	伪狂犬病	繁殖与呼吸综合征	猪瘟	布鲁氏菌病	流行性感冒	弓形虫病	发热	高温环境	物理性创伤	舍内有害气体	中毒(敌百虫)	附红细胞体病	衣原体病
胎次	首胎	√	√													√
	不定			√	√	√	√	√	√	√	√	√	√	√	√	√
病情	急性	√		√	√	√		√	√	√	√	√	√	√	√	√
	慢性		√	√	√		√								√	√
症状	全身	√		√	√	√	√	√	√	√	√		√	√	√	√
	局部		√				√					√				
季节	冬季		√					√								
	夏季	√									√				√	
	全年			√	√	√	√		√	√		√	√	√	√	√
流行性	散发	√	√	√			√		√		√	√		√	√	√
	群发				√	√		√		√			√			
病原	细菌						√									
	病毒	√	√	√	√	√		√								
	寄生虫								√						√	
	其他										√	√	√	√		√
流产期	早期	√	√		√		√		√							√
	后期			√		√	√	√				√	√		√	√
	不定	√	√	√	√	√			√		√			√		
胎儿病变	流产	√		√		√	√	√	√	√					√	√
	死胎		√	√	√										√	√
	不定			√	√	√								√		

参考文献

[1] 刘红林, 吕艳丽. 现代养猪大全 [M]. 北京: 中国农业出版社, 2001.

[2] 董蠡. 实用猪病临床类症鉴别 [M]. 3版. 北京: 中国农业出版社, 2008.

[3] 席克奇, 孙宝莹, 兴长健, 等. 猪疑难病鉴别诊断与防治 [M]. 北京: 科学技术文献出版社, 2008.

[4] 陈玉库, 陆桂平. 猪病防治技术 [M]. 北京: 中国农业出版社, 2010.

[5] 宣长和, 马春全, 汤广志, 等. 猪病类症鉴别诊断与防治彩色图谱 [M]. 北京: 中国农业科学技术出版社, 2011.

[6] 李文刚. 图说养猪新技术 [M]. 北京: 中国农业科学技术出版社, 2012.

[7] 侯万文. 图说高效养猪关键技术 [M]. 北京: 金盾出版社, 2009.

[8] 周元军. 图说高效养猪 [M]. 北京: 机械工业出版社, 2016.

[9] 刘建柱, 牛绪东. 猪病鉴别诊断图谱与安全用药 [M]. 北京: 机械工业出版社, 2017.

[10] 李和平, 朱小甫. 高效养猪 [M]. 2版. 北京: 机械工业出版社, 2018.

[11] 王丽荣, 李小军, 王杰琼. 母猪高产高效饲养技术 [M]. 北京: 化学工业出版社, 2021.

[12] 曹日亮, 胡广英, 刘华栋. 高效养猪全彩图解+视频示范 [M]. 北京: 化学工业出版社, 2022.

[13] 席克奇, 齐刚, 付群莉. 养猪疑难300问 [M]. 北京: 中国农业出版社, 2023.